实用心理指南

关

密码

BUILD

[英]约翰 · 卡特 著　　李莉菲 译

上

A LOVING

PARTNE

A Practical G

作者简介

约翰·卡特（John Karter），英国心理治疗协会（United Kingdom Council for Psychotherapy, UKCP）注册心理治疗师，开办私人治疗室。拥有丰富的实践经历，曾在多家治疗机构从事心理治疗工作，包括赌博康复中心（GamCare）——英国戒赌协会，隶属于英国国家医疗服务体系（National Health Service, NHS）的儿童、青少年与家庭组织，中学与继续教育机构。任教于摄政大学心理治疗与咨询学院（Regent's College School of Psychotherapy）和里士满学院（Richmond upon Thames College），主授心理治疗与咨询心理学。所著《心理治疗师培训》（*On Training To Be a Therapist*）（Open University Press）被用作心理咨询培训的教科书。他还是一名作家，为《星期日泰晤士报》（*The Sunday Times*）、《泰晤士报》（*The Times*）及《独立报》（*The Independent*）撰稿，著有中篇小说《利润》（*The Profit*）（Roastbooks），合著有《公园人生》（*Park Life*）（Metro Books）。

致谢

苏西·诺布尔（Susi Noble）和凯特琳娜·迪马科普洛（Katerina Dimakopoulou）非常仔细地阅读了本人的手稿，并给予珍贵的评价和建议，特致以诚挚的谢意。除此之外，我对邓肯·希思（Duncan Heath）、哈里·斯科布尔（Harry Scoble）乃至 Icon 出版社（Icon Books）的每位员工怀揣感激之情，他们专业的态度和支持，让本书从粗糙的手稿华丽转身为呈现在各位手中的作品。

作者按语

希望各位在阅读过程中注意，本书引用了大量关系心理学领域的专业研究。

书中凡是本人知道出处的引用，均已标注，若有所疏漏，望文献作者能接受我的歉意。

目　录

引　言 1

执子之手，与子偕老。

——罗伯特·布朗宁（Robert Browning）

这不是芸芸众书中描述爱情或指导你如何寻找爱情的一本，这亘古不变的流行主题已有足够多的文字记载，无需我多加妄言。我写这本书的目的仅在于帮助你更好地了解与他人的关系，建立新的更健康的联结方式。在本书中，我会向你解释一些隐秘的心理学原则，以及究竟是何种“驱力”（drivers）使得我们与配偶或伴侣始终保持特定的思维和行动方式。识别和研究这些激励因素，将有利于减少“膝反射”（knee-jerk）式反应，滋养关系，并使关系得以维系，而不是放任不管，任由关系自生自灭，肆意恶化。

作为一名心理治疗师，我从来访者口中听过无数关于他们生活的故事，遇到过各式各样的内心戏和复杂情境。然而，无论我得以窥视构成人类之所以成为人类之理由的情绪万花筒——热烈、喜悦、悲伤……的机会多么频繁，我仍然对人们在重大人生问题上存在的普遍误解感到惊异。

在关于这些重大人生问题的错误观念清单上，最靠前的是人们对关系抱有的期待。这里需要指出，写作本书的目的是为成年人之间的爱情 / 浪漫关系提供指导，这对异性恋和同性恋都适
2 用，而且书中的部分原则也可广泛应用于各式各样的关系。

大多数读者肯定都很熟悉这句话——“谁人敢说，生活本就是容易的?”这话听似轻率浮躁，实则说的是一个基本的真理。许多人心怀一种既定的假设，即成功和幸福得来应当毫不费力，只要你想，你就能获得，它们就是我们与生俱来的权利中固有且不可分割的一部分。人们看待关系亦是如此，期望自己的爱人不仅能让自己处在恒久快乐的状态，还能减轻生活中所有的困难带来的痛苦。

期待能找到一个可以与我们一起享受幸福、滋养并充实关系的人，这是自然而健康的想法。然而，如果我们接受这样一种普遍存在的观点，即只要遇上“对”的人，和谐与相互满足就可以自动产生，那么有一个重要的因素就被忽略或置之不理了。有意义的、持久的关系是极其复杂且具有多面性的心理结构，不是一天就能建立起来的，也不是纯粹产生于偶然。

当然，这并不是要对所有人类经历中最崇高、最令人振奋的存在作出负面的评价。相反，这恰恰是本书的一个关键原则，即你在关系中投入的努力和理解越多，你能从关系中收获的也越多。

与生活中许许多多的事情一样，关系成功的指数也几乎总是 3
与关系中的双方准备带入关系中的持续的关注、努力以及偶尔的自我牺牲的程度相关。关于这一点，我想起加里·普莱耶（Gary Player）被问到，作为一名高尔夫冠军，他取得非凡成就的秘诀是什么时，他说："我练习得越努力，我就越幸运。"其他品质，如体贴、滋养、给予，以及真诚的爱，也对关系的成功起着巨大作用，但这些并不能排除双方对关系尽心尽力、持续不断地保持关系的稳定和促进关系进一步发展的必要性。

认为关系是理所当然的，这在某种程度上不会促进关系的成功。关系中的一方（或双方）不尊重另一方，贬低对方的需求；或对另一方熟视无睹不予置理，不试图进行有意义的沟通；或对某些行为边界不以为意，这样的关系几乎都会逐渐枯萎，最终彻底死去。

以上所述就是关系得以深入发展的心理基础，矛盾的是，这意味着仅仅对关系本身竭尽心力远远不够。试想构成关系的复杂而又非常微妙的基础——我们通常意识不到它们的存在，换言之，用心理学的专业术语来表述，这些基础存在于我们的潜意识（unconscious）中。我们总是更关心“可见的”（visible）问题，如更好沟通、接纳他人身为人所具有的弱点，以及学会应对变化。但实际上，解决这些可见的问题需要在真正理解“隐藏在对话和互动下真实发生的状况究竟是什么”的基础之上。

4 你越是能深刻地洞悉隐藏的议题、感受和无言的表达，揭露你们之间究竟有什么事情正在发生，你就越能更好地处理冲突，改变那些不断侵蚀关系的基本结构的消极和破坏性的相处模式，并使那些对关系极为重要的品质——彼此滋养、互相尊重和真诚的爱发挥作用。

当伴侣双方恍然大悟，意识到有东西隐藏在他们“牢不可破的”（locked-in）行为模式中，就标志着他们关系的转折点出现了。那些东西通常可以用相对比较简单却不那么为人所熟知的心理学术语来表述，它们仅仅因为相关的个人没有意识到这一点而被忽视。比尔（Bill）和安吉（Angie）的情况就是一个很好的实例。他们来找我，因为他们陷入了一个看起来无休止的争论和相互指责的恶性循环，这些争论和指责日益激烈，已经上升到了人身攻击的程度。

在分别倾听了他们站在自身角度的讲述后，我问他们：“我感觉你们双方都没有准备让步的意思，对吗？”他们颇为不好意思地承认，情况确实如此。当我向他们指出，是不愿意放下骄傲导致他们固执地拒绝让步，并解释让步在他们看来就意味着自尊受损或颜面尽失时，他们眼前的面纱仿佛被揭开了。

在随后的一次治疗中，他们告诉我情况已经开始好转，因为每当出现争吵的趋势时，他们能够做到先退后一步，承认自己的 5
脆弱感受，更重要的是，倾听对方试图表达和沟通的是什么，而不是立刻进行反击。解决关系中的问题往往不会如此轻而易举，但在他们的案例中，一个简单的洞察就引发了他们相处方式的彻底变革。

如果你一直很努力地想要理解，为何原本你对彼此关系的美好幻想——情感和谐、身体愉悦，逐渐在眼前支离破碎；为何他/她越来越不符合你心中理想情人的标准；抑或为何你会深陷充满争吵和怨恨的人间炼狱。我希望以下章节能帮助你退后一步，以一个全新的视角来看待事物，并开始朝着更积极的方向前进，就像前面提到的比尔和安吉那样。

此外，也许你只是想获得一些关于你们的关系的真知灼见，了解它在不同层面如何运作，并使它比现在更加充满爱意，给予双方更多回报。又或者，你渴望从整体上理解关系，储备相关知识，为进入一段关系作好准备。不管是上述哪种情况，本书提到的原则和实用指南都可以帮助你为实现以上目标打下坚实的基础。

美国作家詹姆斯·瑟伯（James Thurber）说："一位结婚 27 年并育有 6 个孩子的 47 岁的女士懂得爱的真正含义，她曾经这样向我描述：'爱就蕴藏在你同那个人经历的点点滴滴中。'"

6 我的心愿就是，希望后面章节中的内容可以让你与他 / 她将要"经历的点点滴滴"是一段更快乐、更充实的体验。

约翰·卡特（John Karter）

1. 了解你自己的需求

人类最最古老的需求之一，就是当你夜不归宿时，有人在惦记着你身在何方。

——玛格丽特·米德(Margaret Mead)

套用一句众所周知的话——我们没办法选择自己的父母，但我们有机会挑选自己的伴侣。然而，当我们与某人建立一段关系时，“选择”（choosing）并不像表面看上去那样简单，它往往建立在发生在幕后的情感、心理和生物的多层次混合因素的基础之上。

让我们暂且抛开这些隐藏议题不论，把目光聚焦于寻求关系的最主要的动机。我们对关系的渴望其实是为满足某种需求，或者更准确地说，大多数情况下是为满足多重混合的需求。完整的关系需求清单纷繁复杂，对特定个体来说，需求的维度和范围就像每个人独一无二的指纹那般独特。

以下是一些驱动关系的主要需求（这份清单绝非详尽无遗），

需求的排序没有什么特别之处：

给予并接收爱意/喜爱/亲密；

治愈孤独；

8 彼此陪伴；

安全感；

生育繁衍；

性满足；

屈服于来自社会/父母/媒体的压力；

自我验证；

权力和控制；

个人成长。

试一试

• 列出你进入当前关系或最近一段关系之初的需求。尽量忠实于自己的内心。

• 其中有多少需求得到全部或部分满足？

• 有多少需求从未得到满足？

• 在这段关系的发展过程中，你是否意识到自己产生了某些新的需求，或者放弃了原有的一些需求？

• 你认为你的伴侣在过去或现在有哪些需求？你觉得他/她的这些需求得到满足了吗？

如果你对上述问题的回答惊讶到了你，请记住这一点：我们中的大多数人都是不由自主地进入一段关系的，并没有充分思考为何要开始这段关系，更重要的是，没有考虑自己希望从中得到什么。人们总免不了受本性和直觉的驱动，如繁衍这一最基本的生物本能，或者为心所诱，而不是用理性的头脑作出决策。 9

跟随心之所向是自然而然且令人兴奋的，但它确实非常有可能使我们迷上“想要”而不是真正“需要”的事物。我们中的大多数人过分执着于期望得到的东西，以浪漫理想或文化规范和媒体宣传为参考，反而忽略了应在一段关系中过得幸福充实，以及我们真正需要的品质、标准、价值和情感的投入。

从蜜月期开始显山露水

在关系的蜜月阶段——此处我指的并不是婚礼后一周或两周的短假，而是关系的早期阶段——一切都是新鲜而令人兴奋的，伴侣双方的需求可以欣然地处在蛰伏状态。似乎只要能一起待在这个在自身周围创造起来的排他性的泡泡内，他们就别无其他苛求。

然而，随着现实的到来，那种乐不可支的感觉不可避免地开始减弱。关系中的双方开始从那个感觉像是一段心理与身体完全融合在一起的阶段——这一阶段被喜剧演员伦尼·亨利（Lenny Henry）明确地描述为“魔术贴阶段”（the Velcro prase）——中脱离出来。当关系进入这个脱离阶段时，关系中的双方会开始意识到他们的个人需求，而这种觉醒会对关系产生积极的还是消极的影响，取决于关系中的双方如何处理彼此的需求。

在并没有那么了解伴侣的某些方面的情形下就要处理与之相处时的日常琐碎事务，才是关系面临的真正考验的开始。我想说的是，几乎所有人都会把不曾与另一方沟通过的需求带入关系。这种对伴侣的无言期待和对关系本身以及关系将如何发展的设想，反过来滋生了助推冲突产生、肆虐的沃土。

让问题愈加复杂的是，许多需求深藏于潜意识，连拥有这些需求的个体都难以意识到或揣摩出自己的这些需求。其中某些潜意识的需求可能与童年时期未解决的问题有关，如与父母之间的“未竟之事”（unfinished business），或者个人在早年遭受的情感创伤被带入成年后的关系。

对改变人生的事件抱漠不关心的态度

举个例子，一个相当常见的情况是，伴侣中的一方在进入关系的时候带着对稳定性、安全感和生儿育女的需求。但是，在这些基本需求的背后，可能存在着附属的或潜意识层面的需求。这些需求可能涉及扎根于孩童时期的低自尊和羞耻感等问题。在多数情况下，这些需求从来没有以任何有意义的方式被讨论，甚至从未被提及。与处理生活中非重大事件时的态度相比，我们对改变人生的重大事件反而抱着置若罔闻的态度，即使这些重大事件可能会从多个方面改变我们的人生，在许多层面都具有重大意义。

如果你打算买车、购置电脑或电视机，你会列出一系列你希 11
望这辆车、这台电脑或电视机具备的性能，从而将你的需求转达给销售人员。如果你走进一家商店，只留下一句“我想买一台电脑”便离开，那么极有可能最后到你手中的商品会缺少非常多你希望它拥有的基本功能，你也很可能被销售人员投以奇怪的表情！然而，这种漫不经心、随随便便的态度正是我们在建立关系时持有的态度。

潜意识的需求是一个与众不同的问题，因为它处于意识之外，除非被意识觉察，否则完全不可能被谈及或处理。在接下来的章节中，我们还将一起探讨一种不健康的关系模式，个体想找到一个伴侣来“治愈”自己——找到一个可以抵消他 / 她正在经历的情感煎熬的伴侣。

案例研究

珍妮的故事

珍妮（Jenny）的例子非常典型地展示了什么是怀有未说出口且未被满足（unmet）的需求。她来向我寻求帮助的时候，正处于遭受轻度抑郁折磨的阶段。轻度抑郁并没有损害她的日常功能，却剥夺了她获得真正的幸福和满足感的希望。她并不知道自己为何会有这样的感受，也不知道怎样才能扭转局面。随
12 着咨询的深入，原因愈加清晰，原来珍妮是典型的“受气包”（doormat），完全屈从于丈夫的需求，包括每晚毫不例外地行床笫之事，将屋子打扫得一尘不染并让孩子们时刻保持安静。

她作为一个有价值的人、妻子和母亲所需要的爱、尊重与肯定，完全被丈夫置之不顾。她默认了这种不幸福处境的部分原因是害怕丈夫，但同时也从来没有人告诉过她，需求就像种子，需要被悉心照料，否则便会枯萎，甚至死去。当我向珍妮指出这点

时，她也意识到自己的需求从未得到满足就是她的抑郁症、缺乏满足感以及夫妻关系破裂的主要原因。

可悲的是，珍妮有一种根深蒂固的观念，即她的人生注定如此。这个观念源于她孩童时期被父亲（以及在一定程度上被母亲）忽视和虐待的经历。她的“人生脚本”（life script）处处对她宣示：与家人的需求相比，她的个人需求无足轻重，甚至任何试图满足这些个人需求的尝试都是任性行为，也不会得到关注。而丈夫对她的欺凌和种种自私行为又进一步强化了这种观念。

正因如此，在珍妮的心理咨询中，我把重点放在帮助她洞悉如何通过“设置”情境来维持自己的“人生脚本”。最终，她终于能明白，她潜意识地选择了现在的丈夫，因为他让她想起了冷漠无情、经常虐待自己的父亲。这是一个典型的“移情”（transference）案例（本书后面的章节将详细阐述“移情”这个概念）。凭借移情，过去的经历被“转移”到了当下。

理想化的爱

本书没有足够的篇幅详细介绍各种各样的关系需求，不过有许多需求在其他章节会以各种形式被谈及。研究表明，在大多数调查关系需求的问卷中，在回答排行榜上，“爱”“安全感”以及

“生儿育女”总是名列前茅，而“爱”更是独占鳌头。

爱是本书最后一章的主题。对爱的需求，是人的一种非常本能的需求，也是一种非常值得称赞的需求。在关系中追逐爱，也是非常符合人的本性和值得赞赏的行为。但是，我们还要多久才会停下来思考：当我们使用“爱”这个词时，我们到底想表达什么？换句话说，这个极富感染力的由四个字母组成的词（love），在成年人的人际互动中被无拘束地使用，其背后到底隐藏着怎样的需求呢？许多人没有深入研究这个问题，而是带着一种模糊而浪漫的爱情理想。正如约翰·基茨（John Keats）描绘的那样：

> 我曾惊讶于有人愿为宗教牺牲自己——我曾一想到这就不寒而栗
> 而今我不再因此战栗了
> 我也可以为我的宗教献身，爱就是我的信仰
> 我可以为她而死
> 我也可以为你而死

14 归根结底，“爱”只是一个词，对不同的人来说，它可能意味着许多不同的东西。从本质上来说，语言是象征性的。如果你愿意

的话，你的语言表达与语言表征的行为、事件、思想和情感可以合为一体。因此，在大多数情况下，爱是表面的需求，它可能只代表一个人整体需求中的某一个要素，也可能根本就算不上真正的需求。

当我们谈论对爱的需求时，我们可能指的是理解、陪伴、亲密、性、认可，或者这些需求与其他需求的结合。这就是为什么设法意识到自己各个方面的需求（如第 8 页[①]的练习），包括你的渴望、梦想、心理问题，以及对你来说很重要的价值观和标准，是如此重要。

这样做，你就能承担起自己这一方的责任，在最开始的时候就为关系打下一个健康的基础。如果你的需求能得到满足，你会更快乐，更满足，进而也更有能力满足伴侣的需求——这几乎是不言而喻的道理。但还是要提醒各位：有时候，我们会把自己的需求加给伴侣，误以为自己所需要的对伴侣来说同样需要。

小心性别误区

已经有很多文章对男性和女性的需求进行了区分。毫无疑

---

① 本书夹注页码为页边码。

问，在某种程度上，性别决定了在一段关系中我们需要什么才能获得幸福。特别值得一提的是，可以说，在情感反应方面，男性和女性天生（wired）不同。也可以说，男性倾向于以自己的事业和成就来建立自我意识；女性则更多地通过与伴侣和家人之间的关系来实现这一点。然而，随着传统性别角色越来越模糊，这种区分方式已不再具有过去那样的可信度。

在我看来，两性之间表面上看起来不可逾越的鸿沟已改善很多，尤其是这种鸿沟之前曾使男性和女性被描写成近乎两个不同的物种。畅销书《男人来自火星，女人来自金星》(*Men Are from Mars, Women Are from Venus*）中有充分的证明，作者在书中列举了男性和女性拥有的不同的“基本爱情需求”(primary love needs)，如下所示：

女性：体贴、理解、尊重、忠诚、认可、保证。

男性：信任、接纳、欣赏、崇拜、赞许、鼓励。

我想说，上述所有需求都可以互换：或多或少，女性需要在男性清单上的品质，反之亦然。人的需求均基于个人的情绪构成和人格，而不仅仅是其性别的产物，尽管性别确实有一定影响。

赞同这些“巨大分歧”(great divides)，只会让这些会导致自 16
证预言（self-fulfilling prophecies）的刻板印象持续更长的时间。换言之，人们依照这种性别迷思（gender myths）一贯期盼的方式行事。因此，好莱坞女演员莎朗·斯通（Sharon Stone）说的“女人也许可以假装性高潮，但男人可以伪装整段关系”或许看起来很幽默，但它只是强化了那些令人厌倦的陈词滥调，对女性了解自己的男性伴侣或男性了解自己的女性伴侣毫无帮助。事实上，这甚至起到完全相反的作用。

时间效应

理解关系需求时要注意的另一个关键因素是，它们总是随着时间的推移而变化。举例来说，随着年龄增长，性需求可能会逐渐降低，尽管这并不是必定会发生的情况，但也并不像某些人希望我们相信的那样完全不会发生！性需求可以被喜爱与陪伴的需求替代或补充。同理可知，如果我们开始对自己和（或）我们的关系感到更加满意和自信，我们对安全感和被认可的需求就会相应减少。

但是，在考虑你自己的需求时，需要认识到的最重要的一点也许是，你绝对有权拥有它们，并且至少在一个合理的程度上得

到满足。人类的需求，尤其是心理和情感方面的需求，实在太过于频繁地被负面描绘。有一种普遍的误解，认为这些需求是软弱
17 无能、心理上有缺陷或者是苛求的标志，因此，我们常听到人们用贬义的方式谈论需求，将其贬斥为“过度依赖”(needy)。

如果你的伴侣持续不断地寻求关注，而且不管你做什么，似乎都不能满足他 / 她的要求，那么这是值得注意的，它很可能暗示了一个根深蒂固的心理问题，必须寻求专业帮助，如心理咨询。然而，秉持只有自己的需求才是最重要的立场，进而损害伴侣的需求或对其不予理会，这同为在关系中获得快乐而寻求基本需求的满足，是两种截然不同的情况。

另一位好莱坞女演员奥黛丽·赫本 (Audrey Hepburn) 说：“我天生对爱有巨大的需求，而且有强烈的愿望去给予爱。”有两种不同的方式看待这句似为自我批判的话语。如果她对被爱和给予爱的需求是具有吞噬性的，而且是“盲目的”(blind)，那么这显然会对所有关系都产生负面影响。

然而，如果赫本仅仅是在强调这样一个事实，即彼此相爱对她来说是一种重要的、必须具备的关系要素，那么这符合人性本能，也是切实可行的。我们在考察有益于健康且可持续的关系的影响因素时，理解上面这两种心态之间的差异至关重要。

在下一章，我们将讨论一个迄今未提及的重要需求，这个需求通常被视作关系的主要动机，即寻找一个能让我们“完整的”（complete）另一半。

实用小贴士 18

• 有意识地努力认识自己的需求，并尽量在关系初期把自己的需求告诉另一半。

• 对另一半的期望应当符合实际。没有人能完全、持续地满足伴侣的需求。

• 每个人的需求不同，因此请体谅这个事实：你与伴侣的需求很可能是不同的。

• 记住，当一方觉得自己的需求没有得到满足时，讨论和妥协是解决问题的关键。

重要知识点

需求乃人之天性且至关重要。如果需求始终未得到表达，而且得不到满足，则很可能会演变成关系中最具腐蚀性的方面之一。

19

2. 一场势均力敌的比赛

我使自己完整了。我非常幸运，在自己完整之后，遇到了一个能包容我的人。

——桑德拉·布洛克 (Sandra Bullock)

大多数人在进入一段关系时通常抱有这样一种期望：这段关系能为他们提供一个充满爱、安全感和认可的环境——一个他们能感受到尊重和与众不同的空间，从而为他们搭建一座面对这个世界和成长的平台。这当然是一个合理的愿望，只要关系双方视之为共同的事业，彼此都承担责任，为创造充满滋养和幸福的关系状态一起努力。

"共同"(mutual)这个词怎么强调都不为过，因为人们犯的根本错误之一就是认为自己只需要作很少的付出，甚至抱着什么都不用做，只需坐享其成即可的态度。他们以为只要找到正确的关系，一切问题就将迎刃而解，得到幸福和满足简直是轻而易举的事。这种信念隐含的错误在于，他们的伴侣只需要简单地做自己就能解决一切问题，带给自己幸福和满足的感觉。

套用我们熟知的足球领域老生常谈的话，他们将关系视作一场势均力敌的比赛，双方在一起才是完美的搭配，相互为对方提供自己身上“缺失的部分”（missing parts）。这种观念反过来创造了一种凌驾一切的需求，即寻找能让“分裂的”（divided）自 20
己重新变得完整的“另一半”（other half）。

“另一半”迷思的古老根源

对“另一半”的需求有着广泛而古老的根源，可以追溯到公元前 4 世纪至公元前 3 世纪的古希腊。柏拉图（Plato）的《会饮篇》（*Symposium*）中记录了剧作家阿里斯托芬（Aristophanes）的一次演讲，提到人类始祖是雌雄同体的生物，有四只手和四只脚，一个脖子上长了一个头和两张脸，还有两套不同的生殖器官。

这些雌雄同体的人类极其强大，甚至敢挑战众神。然而，众神害怕若因此将人类斩尽杀绝，他们就再没有崇拜者。于是，宙斯（Zeus）下令将所有人类砍成两半，削弱他们的力量。

这种肉体上的分裂意味着人类开始忙于没完没了地寻找另一

半，一旦找到彼此，他们就“迷失在爱、友谊和亲密的惊异错愕之中”。

“灵魂伴侣”（soul mate）一词就源于这个“被另一个人变完
21 整”的想法。这一概念已被广泛接受，以至于成了爱情语言的一部分，在婚介公司的服务宣传广告中屡见不鲜。在《恋爱数字》（*Love by Numbers*）一书中，路易莎·迪尔纳（Luisa Dillner）博士在1000多名20多岁的美国人中开展的一项调查显示，有近90%的人认为他们的灵魂伴侣“正在某处等待着他们”。

人们在提到“灵魂伴侣”这一概念时，指的是这样一个人：在重大人生问题上的态度与你出奇地一致，你们有着相同的背景和兴趣爱好，他/她有一种本能地理解你的能力，甚至在你开口之前就能知晓你在想什么。因此，那些相信自己找到灵魂伴侣的人总是说着这样的话：“感觉就像他/她能读懂我的心思”，“我感觉我们仿佛认识了好多年”，或者“一人说前一句，另一人总是能正确地补充下一句，这太神奇了”。

试一试

• 想一想，你是不是真的相信每个人都有自己的灵魂伴侣或者能让他们变完整的“另一半”？

• 无论你是否已找到你的灵魂伴侣，问问自己：你对这样一个人有或者应该会有什么样的期待？

• 如果你正与你所相信的灵魂伴侣在一起，那么，在你刚遇见他 / 她的时候，他 / 她在多大程度上满足了你的这些期待呢？

• 花点时间思考一下：你的期待是恰如其分的还是纯粹基于 22
自身需求的满足呢？

的确，拥有一个尊重你、仰慕你，让你感觉自己很特别的贴心伴侣，通常能提升你的自尊心和幸福感。当你遇见这样一个人，他 / 她似乎给了你所有人类都渴望和应得的及时的理解和同理心，这种感觉肯定是无与伦比的。然而，寻找另一半的想法充斥着潜在的危险。

首先，这是不切实际的信念，即认为自己已经找到某种超然的存在，这个人没有其他人类惯有的缺陷和弱点。如果这样的人真的存在，那他们一定来自另一个星球，因为地球上肯定不存在这样的个体。其次，我们没有意识到的更为有害的是我们在满足自己的需求和愿望上抱有的想法，即认为这个人有在情感上治愈我们的能力，还能让我们开心到飘飘然和感到心满意足，最重要的是，他 / 她还有使我们完整的能力。

能治愈你的只可能是你自己

正如本章开头引用的桑德拉·布洛克的那段话所表明的，唯一能使你完整的人就是你自己。其他任何人，无论他们多有爱心、多善解人意或者多么体贴，都不可能填补你内心的情感空缺，而这正是许多人想象中的找到另一半或者灵魂伴侣的意义所
23 在。本质上，这相当于在要求你的伴侣“抚平我的创伤！”（Fix me!）。巧合的是，人们去看心理治疗师或咨询师时，也总是期望他们能提供解决自身问题的锦囊妙计。

一个好的治疗师会通过给予来访者理解、同理心和温和的交谈，来帮助他们自行找到解决问题的资源。如果你愿意的话，他们会是你攀爬高山过程中能给予你帮助的向导。但是，迈出脚步、试着登上峰顶这件事，来访者只能依靠自己“言行一致，说到做到”（walk the talk）。同样，在一段关系中，一个贴心的伴侣可以陪在你身边，从内心深处理解你，支持你，但是他/她不可能代替你过你的生活，当然你也不能指望他/她可以像变魔术一样，让你所有情感上的困扰就此消失。

正因如此，在我从事心理治疗工作时，一个始终让我讶异的现象是，有很多聪明而富有洞察力的人抱着这样的期望——希望

他们的伴侣无论什么时候，无论经历了什么，都是爱、支持和滋养的典范；无论在什么情况下，他们都必须葆有对自己深情的爱，永远对自己“性致勃勃”，而且天生就会读心术。

当他们的伴侣远不能满足这些期望的时候——显然，这种情况时常发生——他们会将其视作伴侣的过错，而不是将其视作应当检视自己根深蒂固的情感需求和情绪问题的信号，着手处理让他们对自己或这段关系如此不满意的原因。责备伴侣没能“抚平 24
自己的创伤”，是导致冲突的常见原因，而这一冲突的解决，只能依靠习惯责备的那个人，准备好花很长时间认真审视自己，并承认是自己的问题。

寻找“缺失的部分”

寻找一个能使我们完整的人，意味着我们常常被那些拥有自身缺乏的品质的人吸引（相反，如果伴侣表现出我们身上有的令人讨厌的特点或行为，我们会感到恼怒）。那么，举个例子，如果一个人缺乏自信和自尊，便很可能会被一个看起来对他 / 她的外貌非常自信和满意的人吸引，甚至是某个傲慢自大、自以为是的人。

同样，一个害怕冒险的人可能会被一个在生意场上或社交生活中将警惕抛在风中、不顾一切的人吸引，甚至很有可能爱上一个赌徒，只因这个人能带来前所未有的兴奋体验，哪怕这种体验是转瞬即逝的。通过这种方式，平日里极为谨慎保守的个体可以与自己丢失的，或者不被承认与自己有关联的部分取得联系，并通过他们的伴侣过上更具冒险精神的生活。这有时被称为“替代性的生活方式”(living vicariously)。

在这一点上，“异性相吸”(opposites attract)这句老话的确是真的，但更为重要的是，要意识到找到一个思维方式和行为方式与你截然相反的伴侣绝不是获得幸福的一蹴而就的途径。在许多情况下，这恰恰相反，因为最初被人们认为是可取的品质，最终有可能被证明是令人恼火甚至完全无法忍受的（本书第 11 章专门讨论“相异是否相吸”的问题）。

瑞士心理学家卡尔·荣格（Carl Jung）强调了这种“缺失的部分”(missing parts)所具有的吸引力的一个主要来源。他创造了术语“阿尼玛”(anima)，用以表示男性潜意识中的女性成分，以及“阿尼姆斯”(animus)，用以指代女性潜意识中的男性元素。荣格认为，我们需要与自己潜意识中的异性成分取得联系，以实现心理的健康成长。

通常，在选择自己的伴侣时，我们会认出对方的阿尼玛或阿尼姆斯，并被它吸引，以找回我们自身“丢失的”(lost) 那一部分。现代心理学思想的假设是，每个人身上都同时具有阿尼玛和阿尼姆斯，当个体选择压抑它们或者没能意识到自身内在存在的这种“对立面”(opposite) 时，它们就会以投射 (projecting) 到他人身上的方式表现出来。

将自己的需要投射到他人身上

投射机制在关系的许多层面都有着举足轻重的作用，因此解释这一复杂而又日常的心理现象也很重要。这个词通常用来指这样一种情形：对于自己身上令自己感到厌恶或无法忍受的感受，人们会采取概不负责的态度，或者拒绝这些感受，并把这些感受放到其他人身上。

我身上就发生过一个很典型的例子。一连几个星期，我的一个朋友打电话给我时，聊着聊着就说，“约翰，你听上去心情很 26
沮丧”，或者“听起来，你情绪非常低落”。起初，她的评价一直萦绕在我的脑海，直到我恍然大悟，意识到这就是个投射机制的典型案例。

接下来的一次通话中，她说：“你听上去很沮丧，约翰。”我回答道：“不，玛丽 (Mary)，我一点也不沮丧。也许你才是真的有这种感觉的人。你想跟我说说你的问题吗？”沉默了一会儿后，玛丽承认她感到十分低落已经有一段时间了，但她一直不想承认这一点。

同样，如果一个人在关系中感到无趣或不满足，便可能会开始产生外遇的幻想，而他们发现自己的想法是如此不道德，以至于将这些想法归因于伴侣，认为伴侣才是那个四处张望，企图在关系之外找个私通者的人。这种类型的投射甚至会达到这样的地步：一方指责另一方与他人调情或者意欲不忠，以掩盖自己想要出轨的想法。

“投射”这个术语也可用于人们将希望或需要他人拥有的品质赋予在他人身上的情况。最典型的例子就是对名人的盲目崇拜。人们想象他们吹捧的对象拥有男神或女神的属性，将超出常人的品质投射在他们身上，但事实上，他们也都是凡夫俗子，只是恰好站在聚光灯下而已。

这种投射经常发生在关系的早期阶段，甚至发生在关系还没开始的时候。我们看到某个人，就会立即根据我们小时候的经历对他们进行设定（本书后面有更详细的解释）。或者，我们会假
27 设他们身上有我们苦苦寻觅的特质，而这些特质刚好是我们根据自身需要构造的潜在伴侣的特质。

案例研究

我的一位很有见地的来访者乔安娜（Joanna）为上文提到的这种投射提供了一个完美的真实案例。她与一个名叫詹姆斯（James）的男人在一起约有两年了，这段关系越来越令她不开心。在治疗期间，她开始逐步认识到，她之所以会和詹姆斯在一起，是因为最开始的时候，詹姆斯似乎与她有着天壤之别。也就是说，詹姆斯是个情感坚定、在社交场合非常自信，能够在面对困难情境时快速作出决策的人。

然而，事实证明，詹姆斯其实在情感上非常脆弱，而且极度缺乏自尊，但他在各种情况下都非常擅长以虚张声势的方式掩饰自己的脆弱和低自尊，装出一副自信的模样。当裂痕开始显现，乔安娜才发现詹姆斯的真实模样与自己最开始设想的大相径庭。

她也能够认识到，詹姆斯让她想到了她那颇为可悲的父亲，她之所以被詹姆斯吸引，是因为对父亲的移情。“移情”是一个心理学术语，用于描述我们感觉自己一下子回到熟悉的情景时的那种体验（本书的第 10 章将会有更多关于移情的介绍）。

乔安娜最终摆脱了这段关系，离开了詹姆斯。在结束治疗 28
后不久，她告诉我：“几天前，我看着詹姆斯的一张照片，发现他根本不是和我在一起的那个人。”乔安娜承认，她最初的那种迫切的需要，是希望詹姆斯恰好是她想要他是的那种人，但事实上，詹姆斯与她希望的样子完全不同。她把那些受欢迎的品质投射到了詹姆斯的身上，而一旦她能摘下自己的玫瑰色眼镜，她就可以抛下过去，继续前行了。

危险的寻觅之旅

正如你可以从上述案例中看到，这种投射是一种危险但又非常符合人性的做法。在寻找能使我们完整的灵魂伴侣的过程中，当我们对他 / 她的了解还只浮于表面的时候，我们非常容易认为自己已经找到那个特别的人。“一见钟情”（love at first sight）这个词可以说是导致这些想法的罪魁祸首！

要全面且深入地了解一个人，理解他们的情感结构、积极品质，以及他们的小怪癖和恐惧，通常需要花费好几年的时间。但即便事实如此，人们仍匆匆忙忙、莽莽撞撞地就扎进一段关系，只因为这种需求——找到那个无与伦比的新人，让他们成为自己希望他们成为的模样——无法抵抗，尤其是在感到孤独和不招人喜欢的时候。

比与他人合二为一的需求更为重要的是与自己成为一体的需
29 求。正如我之前不遗余力强调的，只有你自己才能满足你的情感需求，也只有你自己才能治愈你的情感创伤。伴侣可以给你帮助，但最终，你必须与之相处和对其负责的人是你自己。学习如何做到这一点是下一章的主题。

实用小贴士

- 尝试识别这样的情况，即你正假设他人拥有自己希望新伴侣具有的品质。
- 在对他人作出承诺前，多花些时间尽可能深入地了解你未来的伴侣。
- 如果有必要，问一些刨根问底的问题。这也许可以保护你免遭日后的心痛。
- 接受这个事实：你，而且只有你自己，可以带给自己幸福。

重要知识点

请记住尼尔·唐纳德·瓦尔施（Neale Donald Walsch）的一句话："关系的目的不在于找到另一个或许可以使你完整的人，而是拥有一个可以与你分享你的完整的人。"

31

3. 独身一人

人的痛苦来源于无法忍受独自一人坐在空荡荡的房间里。

——布莱斯·帕斯卡尔 (Blaise Pascal)

寻找另一半的需求还蕴含着另一个维度，这也是关系领域的专家经常提及的人们坠入爱河的一个主要原因。这种现象发生在两个人初遇之时，他们之间产生了无法抗拒的吸引力，或者说“化学反应”(chemistry)。

当这种特殊的联结发生时，会有一种与他人融为一体的感觉。不再存在单独的我或你，只剩下合二为一的无与伦比的感觉，一种能够从生理上和情感上都超越我们的正常限度的精妙绝伦的感觉。换言之，这种感觉就好像是，我们的个体边界已然溶解殆尽，而我们的自我意识已经与他人的融合在一起。用心理学术语表述，就是“自我边界的轰然崩塌”(the collapse of ego boundaries)。

斯科特·派克（Scott Peck）在他令人钦佩的畅销书《少有人

走的路》(*The Road Less Travelled*)中写道:“正是因为自我边界的轰然崩塌,我们才有可能在高潮的瞬间对一个妓女喊出‘我爱你’或‘哦,上帝’,然而顷刻之间,在自我边界重新回到原位之后,我们对她就再没有一丝一毫的喜爱、喜欢或投入了。”这是个有点极端的例子,但它让我们了解了这种合二为一的融合的 32
感觉所能释放出的情感力量。

弗洛伊德的“全能”理论

我们发现,这种开放个人边界的做法之所以如此具有吸引力,而且在很多情况下有催眠作用,是因为它相当于能使我们回到童年早期的理想化状态的心理桥梁。在子宫外发育的生命早期阶段,婴儿看不出他自己、周围的世界和居住在这个世界的其他人之间的任何区别。

正因如此,婴儿发展出一种意识,认为自己是“宇宙之主”(master of the universe)。他相信自己可以掌控一切,因为他与世间万物均存在联系——他与他的母亲、他周遭的环境,甚至他意识范围之内的其他任何人、事、物都是一体的。精神分析的创始人西格蒙德·弗洛伊德(Sigmund Freud)把这个阶段称为“全能阶段”(omnipotent stage),那时婴儿相信他的思想可以改变周围的世界。弗洛伊德指出，这种幻觉可以通过“挫败感”（frustration）来消除，这也是“现实原则”（reality principle）的一个特征。

举个例子，婴儿可能会想：“当我饿哭了的时候，妈妈总是会出现，给我食物。但妈妈实际上与我是一体的，因此我才是真正让这件事发生的人。”当婴儿开始认识到他实际上与所有人、所有事物都是分离的，尤其是与他的母亲也是分离的，这种“全能”的权力感就消失了。

33 权力感的消失对人类来说是一起巨大的丧失事件，直到成年，这种丧失感也不能完全消失。如果我们感觉一切似乎皆有可能，同时，如果我们生活在一个个人需求在大多数情况下都能被即时满足的世界，这种对重新找回遗失的融合感和“魔法力量”的尝试也就不足为奇。而能实现这一点的最显而易见的方法就是与另一个成年人在爱情关系之中融合在一起。

依恋理论：勇敢前进

可以说，对所有孩子而言，最重要的任务就是学会如何在这个世界上独自生存——换句话说，就是学会放弃依赖父母的支持，变得独立。如果儿童不能成功地越过这个过渡阶段，他们通常会在往后的生活中遇到各种问题，很可能饱受不安全感和依赖问题的困扰，尤其是在他们成年之后的各种关系中。

儿童能够逐步发展出健康的自立感，依靠的是与成年人建立可靠的养育关系。成年人主要负责基本的早期照顾，如喂养、给予关爱以及从总体上满足婴儿的需求。在多数情况下，这个成年人是孩子的母亲，但也可能是父亲、近亲或家庭外的某个人，视具体的情况而定。这个人被称为“首要照料者”(primary caregiver)。

与首要照料者建立良好联结的重要性在于，它是情绪健康的成年期的发展平台，这一假设是发展心理学领域最主要的理论之 34
——依恋理论（attachment theory）的基础。该理论最初由约翰·鲍尔比（John Bowlby）于20世纪60年代末至70年代提出，后经玛丽·安斯沃思（Mary Ainsworth）进一步发展。

如上所述，依恋理论关注的是婴儿与母亲或其他首要照料者之间的关系质量。如果小家伙发展出一种感觉，觉得母亲总会陪伴在他身边，这便意味着他对母亲形成了一种内在的信任，相信即使母亲需要离开一段时间，也会再回来。他们发展出一种安全感，而这种安全感可以一直延续到成年。

鲍尔比称之为“人与人之间持久的心理联结”。如果母亲看上去是不可信赖的，或一点儿也没有尽到养育的责任，孩子会变得焦虑和胆怯，这种心理状态也会渗透到成年时期。

安斯沃思确定了依恋的三种类型。第一类被称为“安全型依恋”(secure attachment)，即儿童确信照料者离开后会再回来，即使他们在照料者离开之后会感到有些悲伤。第二类是“矛盾型依恋”(ambivalent attachment)，指的是儿童与照料者分离后会感到极度痛苦，这通常是因为这类儿童的照料者陪在孩子身边的时间并不规律。第三类是“回避型依恋”(avoidant attachment)，即儿童几乎没有获得过照顾，或者受到的是虐待性照顾，儿童与照料者分离时的反应同与陌生人分离时的反应没有任何区别，因为儿童与照料者之间没能建立任何形式的联结。

35 **试一试**

• 试着回想你与母亲和/或其他照料者一起度过的最早时光。没有确切的记忆也没关系，有整体印象就足够了。

• 你因为他们对你的态度而产生了安全感或不安全感吗？

• 这些安全感或不安全感有延续到你成年吗？它们有影响到你在这个世界上对自己的看法吗？

• 这些积极或消极的感受会影响你在人际关系中的表现吗？

那些没能与他们的首要照料者建立安全联结的儿童——我也认为，我们永远不应该对第二照料者的角色轻描淡写，如父亲——即使他们长大成人，也总是会有某种形式的不安全感，通常表现为在与他人相处时过分依赖对方。他们随身携带一种持续存在的希望，甚至可以说是信念，相信这个不称职的照料者最终会改变，而且会成为他们所期盼的那种父母。

一旦这种不安全感变得势不可挡，或演变为一种似乎永远也填不满的空虚感，就会导致对关系的歪曲理解，由此，缺乏安全感的人认为只有与他人建立关系才能让自己获得情感上的幸福。在更极端的案例中，他们将关系视作自己的救生索，因为他们觉得没有伴侣就无法生存。

关系成瘾 36

关系成瘾（relationship addiction）者不停地追逐爱情，从这个人奔向另一个人，经常匆匆忙忙、莽莽撞撞地一头栽进完全不合适的关系，只为逃避孤身一人的痛苦。这种类型的关系需求被称为“上瘾的爱”（addictive love），因为它具有诸如酒精成瘾、毒品成瘾、赌博成瘾等成瘾（addiction）的特征。心理学家归纳总结了成瘾的五个主要特征。

• 意志力丧失（loss of willpower）：对控制或限制特定的成瘾行为的无能为力。换言之，个体产生一种病态的、耗费极大时间和精力的依赖性行为或强迫行为。

• 不良后果（harmful consequences）：这些失控的行为会对成瘾者造成身体或精神上的伤害。

• 生活方式失调（unmanageable lifestyle）：对成瘾者来说，生活中其他一切都或多或少地变得混乱无序，因为成瘾比任何事情都重要。

• 成瘾物质耐受或升级（tolerance or escalation of use）：成瘾者需要越来越多的他 / 她渴求的东西。

• 戒断症状（withdrawal symptoms upon quitting）：一旦成瘾者试图戒除成瘾物质，就会遭受情绪和 / 或身体上的痛苦与折磨。

关于关系成瘾，我想在这份清单上再添加一项，那就是“魔
37 法思维”（magical thinking），也就是说，相信关系可以立即“治愈”（cure）生活中所有问题和困难（类似于上文所述的婴儿的全能思维）。爱情成瘾者倾向于理想化自己心仪的人，并会采取强迫性的追求方式。他们在投入下一段恋情之前，总是习惯责备自

己的前任没能满足他们的幻想和期望。

依赖共生的特征

被称为“依赖共生”(co-dependency)的心理状态是“上瘾的爱”的一种形式，它让人进入并维持令人痛苦的、失去尊严的和/或毁灭性的关系。依赖共生者很容易被“有毒的”(toxic)关系吸引，并着魔似的陷入其中。换句话说，他们往往与那些不可靠的、有虐待倾向的、情绪失控的或极度缺爱(needy)的人深深纠缠在一起。依赖共生是一种“后天习得行为”(learned behaviour)，通常在功能失调的家庭中习得。这类家庭存在严重但没有被承认的情绪或心理问题。依赖共生者的特点包括：低自尊(low self-esteem)、容易上瘾的人格、自我牺牲倾向，扮演“照顾者”(caretaker)或“殉道者”(martyr)的角色，完全专注于他人的需求而罔顾自己的需求。

案例研究

查利(Charlie)因备受抑郁症和焦虑症的困扰前来寻求治疗。他是人们眼中成功的金融奇才，却对两性关系、娱乐性用药 38
和赌博上瘾。在治疗过程中，他能认识到自己的成瘾行为是一种潜意识的自我伤害行为。他通过伤害自己来证实他的潜在信念，即自己“分文不值”——这是虐待他，还酗酒成性的父亲常说的话（他的母亲也酗酒，并虐待他）。

除了在赌博和毒品上浪费巨额的薪水，查利还在一段又一段的凌虐关系中跌跌撞撞，这些恋情之间几乎没有间歇。他的伴侣往往也是成瘾者，并常常对他使用肢体暴力，进行情感虐待。查利告诉我，没在谈恋爱的时候，他害怕自己会崩溃、不复存在。因此，即使是一段充满暴力虐待的关系，也好过没有，至少恐惧暂时得到了缓解。

这种恐惧来源于他童年时骇人听闻的被忽视的经历。除了身体和言语上的虐待，他的父母在他还年幼的时候就抛下他一个人自生自灭，因为他们要去追求以自我为中心、酒精为动力的生活方式。婴幼儿需要从他们的首要照料者那里获取身体和情感上的“抱持”（holding），在抱持中发展出安全感和自我价值感，而查利没有得到过任何形式的抱持。

唐纳德·温尼科特（Donald Winnicott）是儿童发展领域最举足轻重的权威之一，他提到，如果孩子没有得到母亲“足够好”的照护，就会遭遇“灭顶之灾”（threat of annihilation）。温尼科特
39 还谈及婴儿的“难以想象的焦虑”（unthinkable anxieties），其中包

括“永远坠落”(falling forever)和“身心崩溃”(going to pieces),这都是照料不周的结果。这些难以想象的焦虑与查利害怕自己会崩溃、不复存在的恐惧如出一辙。他对关系时时刻刻的迫切需求是在试图填补父母对他漠不关心所留下的黑洞。

日常嗜好

从某种程度上说，我们都可以被称为“成瘾者”。这是言之成理的，因为对某种爱好、兴趣或实物着迷或狂热，并且以牺牲生活中更为重要的事情为代价，在这些事情上投入不成比例的时间是人之常情。例如，一个沉迷高尔夫球的男人可能会发现自己身陷婚姻破裂的危机，因为妻子已经变成所谓的“活寡妇”(grass widow)，她感到自己被忽视了。

除了我之前提到过的酗酒、吸毒和赌博等传统成瘾，对巧克力、性、电脑游戏、电视、购物以及现代生活方式中的其他典型事物成瘾的情况现在也变得常见起来。这些成瘾通常不符合我上面列出的心理标准，更准确地说，它们是习惯或低水平的强迫行为，因为其控制力丧失和自我伤害的程度要轻微得多。

40 恐惧独处

就关系而言，不管它是真正的成瘾还是仅仅是持续的渴求，有一个对这两种情况而言都适用的共同因素，那就是它们都被这种“如果没有伴侣就好像缺失了什么”的感觉驱动。这就是对独处的恐惧，而且在更极端的例子中，是对自己无法独自生存的恐惧。

温尼科特指出，婴儿独处时，以及在面对独处情境时能感到满足的能力，来自“在母亲面前独处”的经历。他还补充道：“因此，独处的能力的基础是一个悖论。它指的是在其他人在场的情况下独处的经历。”

因此，如果孩子的母亲没能为他们提供合适的条件，即安全、滋养和认可，使他们能够在不依赖她的存在的情况下依旧感到自在，孩子就不会发展出让自己感到舒服以及靠自己就能感到舒服的能力。成年后，他们会渴求陪伴和关系，还可能因错误的原因陷入其中。

对孤独感的幽灵说“嘘！”

近年来，离婚康复小组（divorce recovery groups）越来越受欢迎。在康复小组中，参与者会被带领着去经历离婚后的各个心理阶段，如否认、内疚、愤怒和痛苦、丧失和悲伤以及最后的放手。这样做是为摆脱孤独的感觉，达到一种通常被称为“独身”（aloneness）的状态。在这种状态下，即使独自一人，你也会觉得很舒服。

离婚咨询“大师”（gurus）布鲁斯·费希尔（Bruce Fisher） 41
在他的书《分手后成为更好的自己》（*Rebuilding When Your Relationship Ends*）中揭示了这种对独处的恐惧背后的原因。书中提到，你必须达到一种状态，即你能在独处和独自一人做事时感到真正的充实，不需要有个伴侣陪在你左右。费希尔将这种对孤独的恐惧描述为“幽灵”（ghost）。

接着，他特别圈出那些拼命想要通过沉浸在永不停歇的工作和/或休闲活动中来逃避孤独的人。他将这些人描述为：“他们在逃避自己——仿佛有一个骇人的幽灵潜伏在他们内心深处，这个幽灵就是孤独感。”

上面引用的费希尔的第一段话谈及的人们“逃避自己”（running from themselves）的行为，指明了理解和应对这种对孤独的根深蒂固的恐惧的关键。人们之所以恐惧独处，是因为害怕自己无法应对孤身一人的情境。他们忙着努力避开孤身一人的情境，以至于根本不知道自己真正恐惧的究竟是什么。在这种背景下，我脑海中浮现出美国前总统富兰克林·D. 罗斯福（Franklin D. Roosevelt）的名言：“除了恐惧本身，没有什么能让我们害怕。”

费希尔暗示，对付这种恐惧并达到理想的“独身”状态的唯一方法就是直面它：“从直面像幽灵一样的孤独感开始，认识到它是一个幽灵！你曾经逃避它，恐惧它，回避它。但是当你转过身来，直面那个由孤独组成的幽灵，对它说‘嘘！’，这个幽灵就会失去自己的力量，你也不再为其所控。当你接受孤独感是人类的一个组成部分，你就能在独处时也感到轻松自在。”

42 这就是发展健康而又持久的关系的关键所在。如果你在进入关系时处于极度依赖的状态，指望你的伴侣结束你的孤独，填补你内心的空虚，那么几乎可以肯定的是，你索取的远多于伴侣能给予的，甚至他们最终会因此离你而去。极具讽刺意味的是，我们可能会说，亲密无间的本质就在于分离，而这正是下一章内容的基础。

实用小贴士

- 无论你是否处在恋爱关系之中，都要养成独处、独立做事、独自旅行的习惯。
- 试着把独处的经历看作一场冒险，而不是一次磨难。将它视作了解自己以及更好地了解自己到底想找一个什么样的伴侣的机会。

- 将“单飞”（go solo）的感觉写成日记。这次经历有哪些消极和积极的地方？
- 如果你有伴侣，试着与你的伴侣讨论一下这样的经历。

重要知识点

除非独处时你也能感到开心，否则你永远不会对自己的关系感到心满意足。

43

4. 一起成长，适度分离

爱不在于相互凝视，而在于朝同一个方向眺望。

——安东尼·德·圣-埃克苏佩里（Antoine de Saint-Exupéry）

一段成功的关系对不同的人来说有不同的含义。在很多人看来，这包含前几章讨论过的合二为一的融合和“最大程度的”（full-on）亲密无间。为追求与伴侣合一的理想状态，有些人试图建立一个排外的私人世界。在这个世界里，他们和伴侣过着与世隔绝的生活，一起做几乎所有的事情，而且在切实可行的范围内将其余人都拒之门外。

法国哲学家让-保罗·萨特（Jean-Paul Sartre）有句名言：“他人即地狱。”这些回避型个体把他的话活到了极致。这些人的恋情绝不可能建立在真诚的尊重和无条件的爱的基础之上，因为他们总是害怕“危险的”局外人会像沸水表面翻腾的水泡，打破其现有的幸福生活。

还有一种像帽贝一样紧紧依偎在一起的伴侣，他们通常被形容为“生活在彼此的口袋里”(living in each other’s pockets),即他们将其余所有人都视作无关紧要的、令人生厌的和 / 或对他们天堂般的小角落构成威胁的人。这种将局外人视作对伙伴关系稳定性的威胁的观点，是理解这种不健康的相处方式的真正意义的 44
关键。

这种建立在恐惧之上的关系就好像两棵一起生长，最终结合在一起的树。它们永远也没有办法完全伸展，争得阳光。陷入这种关系的人几乎总是对自己没有安全感，由此可推论，他们对自己的伴侣也没有安全感，甚至到了疑神疑鬼的地步。

本书后面会有更多针对自尊对关系的影响的探讨。简而言之，没有安全感的人有一种内在的信念，认为他们并不是真的讨人喜欢。正因如此，他们一直被一种持续存在的焦虑困扰，担心他们的伴侣会遇到其他人然后弃他们而去。他们会时时刻刻让伴侣尽可能地离自己近一些，越近越好。

从表面上看，这种希望自己的爱人时刻陪在身边的需要是一种真诚的关心爱人的表达，但是，他们真正在做的事情是对伴侣施加微妙的压力，最大限度地缩短他 / 她的个人时间。因此，每当伴侣离开他们去某个地方，他们就会说：“快点儿回来哦。当你不在的时候我很想念你。”或者“我们分开的每分每秒都是煎熬。”

案例研究

在我的案例督导课上，一位男性学员向我描述了他与自己的一位来访者进行治疗时发生的情况。尽管这位来访者不失幽默风
45 趣，其以恐惧为基础的叙事量表的得分却达到了最高值。这位来访者是一名三十多岁的已婚男人，他的妻子试图密切监视他的一举一动。她会一天往他的办公室打好几通电话，表面上说着非常想念他，迫不及待想要他下班后快点回家。

妻子从未直接指责过他对自己不忠诚，但她会不断地询问他不在她身边的时候是与谁在一起，是同事还是朋友；还会问他们在一起的时候做了什么，要求他回答详细的时间和地点。妻子对他生活的侵扰已经逼得他走投无路。尽管他在某种程度上依然关心着妻子，但他告诉我的同行，他正在认真考虑离开她，因为他再也无法忍受这种重压了。

我的同行最初怀疑他的来访者可能夸大了他所描述的猜疑和干涉的极端程度，直到某天下午来访者的妻子出现在他的治疗室门口，此时他几乎没有任何怀疑的余地了。令我的同行震惊的是，这位妻子问，她是否可以旁听一下她丈夫的下一次治疗。她说，她觉得这有助于她丈夫的治疗，因为不管他的问题是什么，她都可以就他的问题给出自己的看法。

我的同行告诉她，心理治疗的基本原则之一是严格保密，也就是说，治疗过程中讨论的一切材料永远不能泄露给第三个人（专业督导是这一原则的一个明显例外）。听了这话，这位妻子郑重其事地问，她是否可以在下次治疗的时候躲在治疗室的橱 46
柜里！

控制的悖论

正如上面这个有些离奇的事件所揭示的，恐惧及其犯罪同伙——嫉妒——会对人产生奇妙的作用。一定程度的嫉妒是健康的和正常的，尤其是在关系的早期阶段，那时情侣们如此痴迷于自己渴望的对象，以至于完全无法忍受与之分离。

健康的嫉妒证明我们在关系中投入了感情，换言之，我们在意自己的伴侣，而且会被他们的行为影响；漠不关心则相反，它通常是关系正在分崩离析的表现。当健康的嫉妒变成非理性的占有欲时，问题就开始出现了。

在极端的阶段，占有欲（possessiveness）会导致个体试图控制伴侣的一举一动，这样伴侣就不会有任何出轨的机会。然而，关于控制的最大矛盾在于，它通常会导致事与愿违的结果，尤其是在它变成一种无法摆脱的想法的时候。当嫉妒占据个体的全部心思，一方试图侵入另一方的私人领域并想完全控制对方，这常常会令人感到窒息，并激起想要摆脱这段关系的念头。

绝对的极端控制就是在谋杀挚爱之人，让他们再也无法与其
47 他人交往。“如果我不能拥有你，那么别人也别想”，这是所谓
“激情犯罪”（crimes of passion）的一个常见动机。乔治·萧伯纳
（George Bernard Shaw）是这样说的：“当我们想要了解以爱之名
行的事，该去何处寻找？去谋杀专栏。”

嫉妒是“自我伤害”

从纯粹生理性的角度来看，嫉妒会使我们生病，因为我们嫉妒的时候处于极度焦虑的状态，相当于我们的身体会发生有害的化学反应。这些负面影响包括心跳加速、血压升高以及血液供应改变，它们反过来还会影响消化系统。

焦虑的心理影响包括恐惧、易怒、高度警觉、持续紧张不安，以及无法放松或集中注意，这些可能最终导致精神压力、抑郁和惊恐发作。应对机制指的是个体试图缓解这些问题而采取的措施，包括更频繁大量地饮酒和吸烟或者吸毒，这些方式通常对我们自身有百害而无一利。

从这个角度来看，嫉妒相当于一种自我伤害（self-harm），尤其是当它开始对我们的生活产生广泛影响的时候。我们可能会发现自己越来越难以集中精力工作，变得异常容易动怒，与家人争吵，出现睡眠问题，感到娱乐活动和爱好对自己不再有任何吸引力，因为我们所有的精力都集中在想我们的伴侣正在做什么，他/她正和谁在一起，以及他们在一起做什么等问题上面。

讽刺的是，这些强烈的、占据我们全部心思的感觉构成了嫉 48
妒最强大的力量，而这些感觉通常建立在“幻觉”之上。大多数时候，正是我们自己的不安全感触发了非理性的嫉妒，因此我们自认为看到或知道的伴侣的轻浮或不忠行为，只是一种对事实的歪曲。生活中我们恐惧的事情，有90%从未发生，但是通过对伴侣的不合情理的嫉妒，我们有时会不断地对伴侣施压，将他们推向别人的怀抱，以确保恐惧之事成为现实。

试一试

• 用1—10分制来打分（10是最高分），评估你在当前或以往的关系中的嫉妒程度。

• 使用同样的评分方式，评估伴侣不在你身边时，你烦恼和/或焦虑或猜疑的程度？

• 如果你的伴侣所在的环境中有一个你所认为的情敌，你会想象他们在调情和 / 或出轨吗?

• 你自己的恐惧和不安全感有对你们的关系产生影响吗? 例如，你曾对伴侣进行不合理的指控或试图控制他们吗?

49 嫉妒，或者用人类学术语来说——“保卫配偶”(mate-guarding)——是庇护自己的伴侣使其免遭其他人的觊觎。嫉妒自古以来就是人类行为的一个基本特征，这一特征的存在有一个合理且具实用性的原因——抵御来自雄性捕食者或雌性诱惑者的挑战，最初是一个围绕繁衍生殖建立的保护性反应。

男性不让其他男性靠近配偶的原因很简单，就是为防止配偶怀上竞争对手的孩子。如果竞争对手成功地让自己的配偶怀上他的孩子，这可能意味着他在不知不觉中抚养了一个非亲生的孩子，把时间和资源都投在另一个男性的后代身上。

男性不忠并不会导致女性生育和抚养非其亲生的孩子，而且男性不忠对女性社会地位造成的不良影响通常相对较小，但这确实意味着她可能会失去各种资源，因为她的丈夫会将这些资源转投到另一个女性所生的孩子身上。

嫉妒是一种个体反应

这种原始的保卫配偶的本能可以说是我们所知的嫉妒的基础，但从心理学的角度来看，这种会带来令人撕心裂肺的痛苦的人类情感的意义远不止繁衍生殖上的收益和损失。嫉妒通常缀于“性”(sexual) 之后，当伴侣是竞争对手调情的对象或与他人调情时，“伴侣与他人存在性关系”的想法是我们产生当下感受的主要原因。

然而，将性本身说成这些感受的唯一基础未免过于简单，因 50
为嫉妒是一种基于特定个体的个性和情感历程的个人情绪。因此，虽然在面对情敌的威胁时，我们的本能反应存在一些共同之处，但面临同种局势，每个人的反应会有微妙的差别。

例如，如果某人有许多失败的恋爱经历，而且总是他们的伴侣主动离开、抛弃他们，或者他们的伴侣曾对其不忠，这个人免不了会对这种情况更为敏感，担心这种情况再次发生，并且会让保卫配偶的“天线”(antennae) 一直处于高度警觉的状态。这种类型的个体可能会做一些事情，如打压潜在的情敌，或者让他们的伴侣远离可能会有潜在偷偶者的地方，如社交聚会等。

面对背叛的不同性别反应

性别在嫉妒情绪的产生中也发挥了一定作用。不过，正如我之前提到的，我非常想强调，我们应始终保持谨慎，极力避免基于性别的刻板印象。得克萨斯大学（University of Texas）的戴维·巴斯（David Buss）及其同事共同发表的一项研究表明，在引发最极端的嫉妒情绪的原因方面，男女之间存在一些根本性的差异。

参与实验的学生被要求想象他们的伴侣正与另一个人发生性关系，而且伴侣随后爱上了那个人。尽管两性被试都表现出基本
51 的被背叛的痛苦，但相比于肉体出轨，更大比例的（87%）女性觉得伴侣的精神出轨更令人沮丧。

与此相反，63% 的男性学生认为伴侣的肉体出轨比精神出轨更令人烦闷。由同一个研究团队开展的另一项以诸如心率等生理反应为实验数据的研究同样支持这一结论，证明男女之间存在肉体—精神上的分裂。

正如我在前文中指出的，试图控制你的伴侣，让他们远离可能被他人吸引的环境，常常会事与愿违。寸步不离式的保卫配偶从长期来看是行不通的。最根本的问题在于，如果那个人打算出

轨，无论如何，他们都会这样做。也许是因为他们没有办法在一段持续性的关系中保证对另一方的忠诚，也许是因为现在这段关系中存在某种根本性的错误。

对经验抱开放的态度

如果患有妄想型嫉妒的个体能从恐惧中抽离出来，他们就会发现，其关系的封闭的特性同时也剥夺了他们通过与他人互动获得积极体验的机会。走出去，与他人接触是健康且必要的，而且从长期来看，只会增强他们的关系，而不是削弱。

我们往关系中投入的东西越多，关系就越有深度和多样性。
而且最重要的是，它会充满新鲜感和活力。如果一对情侣的经历 52
仅仅由他们两人之间的互动组成，那么他们作为个体独立成长的机会就微乎其微，而成长可以说是一段充满爱的、富有滋养的关系的标志。反之，停滞不前孕育出的只会是壮志未酬的、对自己不满意的个体，而且最终会蚕食掉这段伴侣关系的基础。

在这个背景下，“如果你真正爱一个人，应当给予他 / 她自由”这句名言是极其恰如其分的。在关系中，真诚的爱与关怀意味着只想把最好的给对方，让他们能充分发挥自己的潜能，以及不试图束缚住他们的手脚，不阻碍他们追求能让自己满足和感到幸福的东西。

话虽如此，如果关系中的一方完全沉浸在自己的梦想和追求之中，这可能会像“封闭”(locked-in) 一样适得其反。同生活中的许多事情一样，关系是一个关乎如何掌握平衡的问题，而如何正确地掌握平衡与沟通和尊重息息相关。

与你的伴侣保持距离

为了充分欣赏你的伴侣，你必须保持一定程度的“分离”(separateness)。过于靠近他们会导致你看不到更广阔的图景。我们有一种内在的天性，会不可避免地专注于他人人性上的弱点，而不是集中于他们的独特性和整体价值。当然，即使是很短暂的分别，也能让重聚更为甜蜜。

波希米亚 (Bohemian) 诗人雷纳・马里亚・里尔克 (Rainer
53 Maria Rilke) 把这个意思传达得很漂亮：“即使最亲密的人之间也始终存在无限的距离，正是这段距离使我们能看到对方映衬在天际的全貌，一旦能意识到这一点，并欣然接受彼此之间的这段距离，那么两个人就能并肩生长，携手共进。”

关于这个主题，有一段更著名的短文，来自纪伯伦・哈利勒・纪伯伦 (Gibran Kahlil Gibran) 的《先知》(*The Prophet*)，

经常在婚礼上宣读:

请于你们的耳鬓厮磨中留出些微罅隙。

让天堂之风可以旋舞其中。

彼此相爱，但不要让爱成为桎梏;

让爱成为奔流于你们灵魂两岸之间的海洋。

比肩而立，但不要过分靠近:

因为梁柱也需彼此分立才能支撑殿宇，

橡树和柏树也无法在彼此浓重的阴影下成长。

这是一种令人钦佩的哲学，但将它付诸实践并不总是那么容易。许多人在他们的关系建立之初，由衷地想要维持健康的、充满爱意的自由，以确保不断成长。但当生活的挑战和潜在竞争对手的威胁赫然耸现，这个世界上所有美好的意图都可以被抛诸脑后。造成这一难题的主要原因是变化，不仅包括个体的变化，还有个体的变化导致的关系的变化。下一章我们将考察变化背后的含义。

54 **实用小贴士**

• 尝试识别这种情况，即你的嫉妒已到了不可控制/不可理喻的程度，并开诚布公地与你的伴侣谈一谈这个问题。

• 接受这句古谚——“小别胜新婚”包含的基本道理。

• 努力在脑海中保持这样的意识，即你的伴侣选择了你，而不是外面那成百上千人。

重要知识点

将伴侣绑在身边的举措只会让你们的关系变成他/她眼中的牢笼。

5. 拜托，一切都会变

55

我们和我们所爱之人都已今非昔比。若改变后的我们还能爱着改变了的对方，那将是多么幸福的可能。

——W. 萨默塞特 · 毛姆 (W. Somerset Maugham)

恐惧是如此多消极的、弄巧成拙的人类行为的基础。它无疑也是关系不和谐与痛苦的一个主要原因。它常潜伏在关系之下，促使人们说出让自己追悔莫及的话，做出让自己后悔的事。

正如我们在前一章讨论的，害怕伴侣离开自己或被他人“挖墙脚”(poached) 会催生非理性的嫉妒和占有欲，而这恰恰会导致我们害怕的事情发生。反过来说，非理性的嫉妒和占有欲往往建立在担心自己对伴侣来说不够好或不能满足他们的需要的基础上。

对独处的恐惧促使一些人去寻找伴侣，有时甚至是强迫性的或成瘾的，仅仅因为他们无法忍受没有处在关系之中时的那种空虚感。任何关系，甚至是虐待性的关系，都比直面这种巨大的空虚感要好。他们太过恐惧。如果一直是孤身一人，这种空虚感会将他们吞噬。

56 ## 对变化的负面认知

然而，也许最常见同时也最具破坏性的恐惧是对变化的恐惧。当一方改变他们生活方式中的某些东西，如他们的职业或他们人格的某个部分，而这些变化对双方的关系产生了影响，或至少另一方认为如此，对变化的恐惧就会出现。

我特意强调“认为”这个词，是因为另一方看待变化的方式通常比变化本身更别有含义。人类是有习惯的生物，喜欢稳定性和可预见性。因此，即使是一方最微小的改变，也可能使另一方陷入焦虑状态，这相当于让他们陷入各种由恐惧引发的对关系会受到的影响的想象。

但关于变化，至关重要的一点是——无论你喜欢与否，它都会发生。此外，正如本章开头引用的 W. 萨默塞特・毛姆的话所暗示的，会发生变化的不仅仅是情境，人也不可避免地会改变，就像太阳每天早晨都会照常升起。

试一试

• 画一个大圆圈，把它分成上下两部分。在圆的上半部分写下所有你认为是积极类型的改变，在圆的下半部分列出消极类型的改变。

• 接下来，列出过去十几年间，你身上发生的变化。 57

• 按1—10进行评分，10代表最积极的改变，衡量你身上发生的这些变化究竟是好是坏。

• 使用同样的计分方式，评估这些变化如何影响你的关系。

有些人认为，就个人而言，不改变是好事。他们相信维持原样能证明他们值得依靠和信赖。对这些人来说，改变的想法不可想象，因为他们不知道如何应对自己的变化。他们认为，改变会对他们自身和他们的关系造成威胁，是不稳定因素。

把头埋进沙子里，假装改变没有发生——不管是自己变了还是伴侣变了——的问题在于，迟早有一天，你会被迫承认这个事实，因为它将对你，对你在这个世界的位置，对你的关系，甚至对这三者产生影响。因此，处理变化的首要原则是承认变化，尝试理解变化发生的原因，然后接受变化。

案例研究

理解和接纳是消除恐惧与猜疑的解药，这也是我与萨莉
58 （Sally）和吉姆（Jim）的治疗工作的基础。这对中年夫妇突然发现他们陷入了陌生的冲突和沟通失败的局面。

吉姆是一名自由撰稿人，过去15年间几乎完全在家工作。与此同时，萨莉婚后的大部分时间都在抚养两个孩子——乔（Joe）和凯瑟琳（Catherine），最近两个孩子都离开了家。

萨莉已经习惯吉姆天天在身边的日子，但出乎意料的是，吉姆的一位前同事突然提议让他去一家知名出版公司担任公关经理。这意味着吉姆突然每周有五天不在家，甚至有时周末也不能回家。

萨莉开始变得孤僻、沉默寡言、爱生闷气，这让吉姆感到困惑和恼怒。他们决定一起来找我，接受心理治疗。我从治疗中得知，萨莉非常害怕吉姆——一个年轻英俊的男子——在他“熙熙攘攘”（buzzy）的工作环境中会遇到一个比她年轻、更让人有激情的人。

在我们的一次治疗期间，我问萨莉，要怎么做才能让她对丈夫工作的变化感到更有安全感。她回答说，了解吉姆的工作环境和他在那边的工作情况，以及认识一下他的同事，这样会减轻她

的恐惧。吉姆欣然同意。对萨莉来说，吉姆的态度本身就是一个积极的信号。

萨莉来自一个把改变看作消极的、不健康的家庭，但是，当她将自己的恐惧公之于众，她认可吉姆工作环境的变化可能会对 59
他们的关系产生积极影响，因为吉姆感到更充实了。最终，她自己也找了一份兼职，他们两人都明白了将改变视作持续发展的、成熟的关系的一部分能带来的益处。

与孤独感的幽灵一样，应对变化的唯一方法就是直面它。在《谁动了我的奶酪？》（*Who Moved My Cheese?*）一书中，斯宾塞·约翰逊（Spencer Johnson）博士提供了以积极方式应对变化的如下步骤：

- 变化总是在发生；
- 预见变化；
- 追踪变化；
- 尽快适应变化；
- 改变；
- 享受变化；
- 作好迅速变化的准备，不断地享受变化。

变化是终身的

从我们出生的那一刻起，变化的脚步从未停止。我们的身体、情感、行为，以及我们的人生观，无一不在变化着。我们的经验和关系塑造我们的世界观，决定我们面对人生重大事件时的态度。

对大脑功能的研究表明，外部经验实际上可以改变大脑结
60 构。一组来自美国加利福尼亚大学洛杉矶分校（University of California, Los Angeles, UCLA）的科学家在神经精神病学家杰弗里・施瓦茨（Jeffrey Schwarz）的带领下开展了一项研究。他们招募了 18 名强迫症（obsessive compulsive disorder）患者，让他们接受 10 周正念治疗（mindfulness-based therapy），并在治疗前后分别对他们进行正电子发射断层扫描（positron emission tomography）。

18 名患者中，有 12 名病情显著改善。值得注意的是，他们治疗后的扫描结果显示，强迫症回路的核心——大脑眶额叶皮质的活动量急剧下降。据此，施瓦茨评论道：“心理行为可以改变强迫症患者的大脑化学物质。心智（mind）可以改变大脑。”

这一开创性研究表明，世界本身及其呈现给我们的经验对我

们的人格有着明确且可衡量的影响。换言之，即使我们想要维持原状，也不可能实现。但关键问题在于：我们为什么不想改变？

生命是一个“流动的过程”

美国人本主义心理学家卡尔·罗杰斯（Carl Rogers）是现代心理治疗的先驱之一，也是人本主义治疗方法的创始人。他曾强调，人会不断变化和进化。罗杰斯将变化和对新经验的开放性视作人类幸福和满足的本质。

在《成为一个人》(*On Becoming a Person*）一书中，他写道：“生命，处于最佳状态的生命，是一个流动的、不断变化的过程，没有什么是一成不变的……我发现，当我让经验之流带着我朝似乎是向前的方向行进，朝着那些我隐隐约约知晓的目标前进，我进入了最佳状态……我的生命在我对自身经验不断变化的理解和 61
诠释的指引下前进。我总是在成为一个人的过程之中。”

罗杰斯说的“流动的过程”(flowing progress）是人类发展的一个自然组成部分。我们的人格、我们活在这个世界上的方式，以及我们总体的人生观，随着我们从孩童到青春期再到成年而变化。但长大成人并不意味着这些变化就此止步，远非如此。

生活事件（life events）——尤其是重大事件，如转行或换工作（career changes）、关系的开始和结束、孩子的到来、家庭成员的死亡，以及宗教或精神真谛的顿悟——可以，而且通常确实会给人们带来巨大变化。

这些变化可能会令当事人和他们的伴侣都感到恐慌和不稳定。应对这些人生重大转变的关键在于，总是试着去看到变化带来的积极的一面，即便这只是意味着接受这句古语的安慰：“当一扇门被关上，另一扇门就会被打开。”

具体而言，试着看到变化的积极面意味着要谈论这些变化，并将它们视为让你自己和你们的关系得以成长的机会。情侣间分享新的人生方向和经验可以拉近彼此的关系，因为即使实际上只有一个人在经历转变，双方相伴一起走过这段经历也可以带来亲近和亲密的感觉。

62

变化的必然性

当然，有些经历无论如何都很难去正面看待，如被解雇或挚爱之人的离世。但即便如此，前方唯一的出路就是哀悼失去的东西，然后继续前行。尽管我们处于极度痛苦之中，很难接受事实，但生活就是不断失去的过程，为保持健康的人生态度，我们必须与之和解。只有保持健康的人生态度，我们才有可能继续前行，开启下一阶段的生活。

这些不可避免的丧失事件包括我们必经的不同而必要的人生阶段。例如，青春不再对许多人来说是一个沉重的打击，但是与其将之完全视为一种丧失，倒不如欢迎摆在晚年的我们面前的新机会，如旅行的自由、尝试新的追求的自由，以及随着人们寿命的延长和身体健康程度的提高，甚至是可以开启新事业的自由。

转行或换工作可能是破坏关系稳定性的主要因素之一。就像萨莉和吉姆的案例显示的那样，一方工作环境的改变，会对双方的关系产生巨大的影响，尤其是另一方感觉受到威胁或心怀怨恨的时候。

为人父母

孩子出生意味着多方面的变化。父母不再仅仅是约翰（John）和玛吉（Maggie），或其他什么人；他们现在是约翰和玛吉加上一个人或两个人。这会对他们如何看待作为个体的自己，以及他 63
们彼此之间会形成怎样的关系，产生重大影响。

突然间，新的生活开始了。拥有新的家庭成员是美妙而充实的。但婴儿对照料的全天候需求会对关系造成巨大压力，尤其是父母被剥夺了睡眠的时候。新生儿的加入也意味着自由和自主性的丧失，因为他们再也不能仅仅作为夫妻两个人一起做事情。

许多人还发现自己被需要对这个隆重登场的弱小无助的个体的幸福负责的感觉压垮了。此外，抚养孩子也是一项开销不菲的事业，夫妇的经济状况可能会因孩子服装和教育方面的花销而捉襟见肘，这也会对他们的关系造成压力。

如果丈夫从个体层面来说，对自己不自信，或者对关系本身没有安全感，他会对妻子与婴儿之间的关系感到嫉妒，这种情况并不少见。这通常表现为一种被“排挤在外”(pushed out) 或在妻子心目中屈居第二的感觉。

性行为的变化

性行为的改变也是必然的。对性的需求程度因人而异，亦因时而异。本书后面有一整章的内容关于性，这里要稍微强调的是，在一段持续的关系中，夫妻双方在性方面的相处方式不是一成不变的。

64 如今，性生理的一面被突出了，但这以牺牲许多在幕后运作的心理因素为代价，极具误导性。个体的情绪状态对其性行为有着巨大影响。事实上，两者密不可分。例如，如果某人丢掉了工作，遭受了丧亲之痛，或正感到焦虑或沮丧，其性欲会在某种程度上降低。

最初让两个人彼此吸引的化学反应永远不可能维持在生理巅峰。由此可以推论，我们日常生活中对性的需求，通常会随年龄的增长而变化。对多数人来说，爱慕和陪伴可以变得同身体上的亲密一样重要，甚至更加重要，当然这都因人而异。

疾病也会改变夫妻的性生活，还可能在深层次上对关系本身造成影响。生病的一方可能无法参与曾经共同拥有的爱好和活动，或者他们需要持续不断的照顾。无论健康的一方有多爱、多关心另一方，病痛都必然会给双方带来压力。

“做着一成不变的事情的代价”

以上列出的所有改变都将使夫妻双方的相处方式发生变化，包括个人层面为适应变化而作出的改变。这有时看上去很可怕或令人无所适从，以至于让人想都不敢去想，这就是为什么人们选 65
择否认它或对它充满敌意。

然而，如果我们能将这些变化视为共同成长和让关系焕然一新的机会，而不是单纯地将它们看作一场考验或一个障碍，它们就能稳固和增强关系双方的联结。归根结底，停滞不前，一成不变，才是关系真正的敌人。正如孔子（Confucius）所说：“智者动，仁者静；智者乐，仁者寿。”

那么，从实际角度来看，我们如何确保变化是有益的呢？首先，从许多方面来说，唯一的原则是承认变化，并与你的伴侣开诚布公地讨论它。伴侣间进行真诚沟通的重要性怎么强调都不为过，这也是我们接下来要讨论的主题。

实用小贴士

- 接受这个事实：变化总是在发生。
- 直面与变化有关的恐惧。
- 视变化为新的地平线，而不是终点线。
- 与你的伴侣谈论所有变化。
- 把变化当成一种习惯！

重要知识点

缺乏变化意味着停滞，而在默认情况下，停滞不前会伤害你们的关系。维持原状是不可能的事。

6. 你收到我的信号吗

两个人的独白构不成一段对话。

——杰夫 · 戴利 (Jeff Daly)

在开始一段关系时，有个词你应当铭记于心，那就是“沟通”(communication)。这个由十三个字母组成的单词的重要性如何强调也不为过，尽管这个词可以毫不费力地就从人们嘴边蹦出，但它在许多关系中都占据着千钧分量。可以毫不夸张地说，如果伴侣间缺乏正确的沟通，本书中提到的所有原则都将毫无意义。

关于“沟通”这个话题，首先要指出的是，大多数人自认为他们在进行沟通，实则不然，至少不是那种能带来真正的“心有灵犀一点通”(meeting of minds)，从而增进他们之间关系的沟通。正如本章开头引用的杰夫 · 戴利的话所揭示的，沟通必须是一个双向的过程。有益于关系的沟通必须是对话，在对话中，双方本着合作的精神传递并接收信息，而不是只有其中一方在表达自己的观点，或两个人在“针锋相对”(scoring points)。

有效的沟通包括两种不同的功能：诉说和倾听。要让这两种功能真正发挥作用，应当把它们看作相辅相成、不可分割的。然
68 而，就维持健康的关系而言，倾听是益处更多、价值更高的技能，因为如果没有倾听，没有在真正试图理解对方所说的话的意义之上的倾听，说话的人就相当于在对牛弹琴。

事实上，无论是与朋友和生意伙伴，还是与配偶和恋人沟通，我们沟通时大多过度热衷于表达自己的观点或说出我们认为的真理，以至于没有完整而公平地倾听他们的回应——甚至在某些情况下，我们不想听到他们的答复。而他们反过来又忙于准备自己的回应之言，以至于在假定的对话开始前就陷入僵持局面！

揭示关于倾听的统计数据

以下来自国际倾听协会 (International Listening Association) 的数据值得我们静下心来，认真思考一下自己的有效倾听能力：

• 当我们认为自己在倾听的时候，我们中的大多数人其实有 75% 的时间处在分心、心事重重或漫不经心的状态。

• 我们以每分钟 1000—3000 个词的速度思考，但倾听的速度只有每分钟 125—250 个词。

• 市场调研表明，成人的平均注意时长（average attention span）为 22 秒，这也是电视广告通常只持续 15—30 秒的原因。

• 即使在别人说完便立即进行回忆，我们也只能记起大约一 69
半的内容。

• 随着时间流逝，我们只能记住 20% 的内容。

在心理咨询师或治疗师培训中，倾听的艺术往往是首先被传授的技能。因为倾听远不只意味着坐在某个人对面，试着接收他们讲述的每一字、每一句。倾听需要进行训练的另一个原因在于，正如上面的统计数据揭示的，我们的注意时长平均只能持续十几秒钟，而不是几分钟。

真正专注于别人说出的话语而不分心走神的能力，从某种程度上来说不是与生俱来的，这也是为什么学员在正式成为心理咨询师前必须接受培训，学习倾听来访者的艺术，学习确保自己在通常长达五十分钟到一个小时的咨询期间能全程保持专注的艺术。

对成人的恋爱关系而言，这种专注的倾听也意味着训练使自己能做到“他人聚焦”（other-focused）而非“自我中心”（self-focused），实现真正的无私，并尝试真正理解我们的伴侣试图传达的内容。与此同时，我们必须将自己的问题和回应置于一旁，无论它们有多迫不及待脱口而出。

70 **试一试**

• 下次当你与伴侣、朋友或同事交谈时，试着注意在他们说话时，你的思绪飘忽到自己想表达的议题上的次数有多频繁。

• 一旦你意识到自己走神了，试着把你自己的议题悬置脑后，将注意真正集中于他人的话语，以及这些话语试图传达的信息。

• 用 1—10 的尺度来评估自己不同状态下的倾听能力。你真正试着倾听他们在说什么时，与你全神贯注于自己的问题或忙于在脑中组织应答之词时，你的倾听能力有何不同（给自己打两个分数，即“之前”“之后”）。

作为倾听技能训练的一部分，心理治疗和咨询专业的学生会被传授“积极倾听”（active listening）的技能。积极倾听意味着要在多个层次上关注他人，包括观察、倾听、给予反馈以及不对他人的话作过多解读的能力。积极倾听还包括观察他人的肢体语言或面部表情，并将来访者的整体状况记录在案。

在试图理解来访者想要传达的信息或故事的过程中，重要的
71 是要注意到，他们说的话与他们的表现之间是否存在矛盾之处。

例如，来访者可能在谈论一个特殊事件时说自己感觉很好，但看上去很生气或愤怒。这种情况通常意味着有些东西被压抑了。

沟通：不成功便成仁

比起提供一个具体的案例研究来解释本章关于沟通的内容，我更愿意说的是，人们的关系几乎总是因一次失败的沟通而面临危机。在我的治疗工作中，无论来访者是单独前来还是夫妻双方一起，我总是一次又一次地强调这一点。

夫妻之间出现问题，其根源通常离不开性格冲突，和/或在诸如性、育儿或财务等重大问题上观点的差异。但多数情况下，是他们无法或不愿意谈论这些问题，倾听伴侣的观点，或未能从伴侣处得到适当的倾听，也可能兼而有之，最终导致关系陷入“不成功便成仁”（make or break）的境地。

不愿倾听，或者更准确地说，不愿听对方想传达的信息，会造成怨恨的恶性循环，进而对沟通造成更大的限制，以至于沟通的渠道完全关闭。骄傲、恐惧和自认为的自尊受损，通常是这种
螺旋式下降的根源（自尊是下一章的重点）。此外，因为害怕被 72
视作软弱而不愿让步，往往是驱动这种消极情绪螺旋式升级的动力。

一旦关系深陷于冲突，而双方的沟通变得越来越勉强，这种螺旋式下降就更难被打破，因为问题往往会愈演愈烈。换言之，消极情绪会滋生更多的消极情绪，因此缺乏正确的沟通会导致更糟糕的沟通，甚至不再沟通。

时间要素

在现代关系中，由于时间的稀缺，沟通问题常常变得更加严峻。的确，如果我们真的想与我们的伴侣沟通，我们会挤出时间。但如今，人们面临着如此繁重的来自各方互相冲突的需求，常常精疲力竭，又或情绪上疲惫不堪，以至于无法进行“严肃的”或有意义的沟通，因为沟通只会被人们视作又一重压力。

海伦·费希尔（Helen Fisher）在她的著作《爱的解剖》（*Anatomy of Love*）中提到现代的“通勤婚姻”（commuter marriages），即夫妻双方分居两地，彼此往返奔波以尽可能地创造见面机会。我想说的是，这个术语也适用于这样的现代关系——两个人住在一起，却过着非常忙碌的生活，有紧凑的事业、嗷嗷待哺的孩子、多元的社交生活，每周还有其他 101 项硬塞进日程的任务，以至于任何真正意义上的沟通都成了黄粱美梦。

解码非语言沟通 73

对倾听过程的研究表明，处于不幸福的婚姻或关系的人发现，要“解码”或解读伴侣的非语言沟通是很困难的事。关系的整体状况会影响关系中的个体解读信息和行为的方式。关系正在经历逆境时，个体更可能以消极的方式解读模棱两可或不清晰的信息和行为。

与之形成鲜明对比的是，那些关系进展顺利的个体会采用更积极的视角来解读同样的信息和行为。解码方面的问题也会影响个体对伴侣如何支持他们的认知。

劣质沟通背后的另一个原因——尽管我在与来访者的治疗工作中屡次三番碰到它，却没有哪一次不令我感到惊讶——一方或双方对“读心术”的期待。感觉伴侣应该总能以某种方式知道自己正在想什么而不用自己说出口，这种现象格外普遍。此外，人们往往没有意识到自己抱有这样的期望，而当别人指出这一点时，他们会大吃一惊，矢口否认，甚至感到尴尬。

的确，在一起很长时间的伴侣会产生一种知晓自己的另一半正在想什么的本能，但期望对方总能看透你的想法是不现实又危险的。这种不正确的期待可能会在潜意识中被用来伤害或辱骂自 74

己的另一半。也就是说，你会假定伴侣应该知道你正在想什么，然后在伴侣猜不出来的时候，攻击对方。

感觉自己“没被听见的”（unheard）一方通常会表现得很受伤或生闷气，因为他们觉得自己没有被倾听，尽管事实上是，他们从未将自己的感受说出来。这种行为也可能由低自尊导致，低自尊反过来会变成潜意识地寻求他人注意，设法让伴侣注意到他们并与他们互动。

试一试

• 你是否有时会假设你的伴侣知道你正在想什么？请尽可能诚实地回答。

• 试着回忆你对这些“读心术”的具体期待。

• 如果当时你并未抱有这些期待，那个特定情境会不会出现不同的结果，和/或更积极的结果？

• 如果当时你选择开诚布公地表达自己的感受，而不是把责任推给伴侣，你会作何感想？

75 在某种程度上，一个简单的真理是，沟通并不是发射火箭那样艰深奥妙的事。如果你不大声说出来，对方怎么可能知道你正在想什么，了解你现在的感受如何？如果不开诚布公地谈论这些问题，将自己的感受、恐惧和担忧充分表露出来，并聆听对方的陈述，这些问题又如何能得到解决？

话虽如此，要做到完全的坦诚相待需要勇气，不仅因为有所保留是人类的本性，哪怕只是为保护我们的骄傲以及不让自己太容易受伤，也因为一方随口说出的一句抱怨可能被另一方视为对自己的攻击。处理看似消极的沟通的关键在于，不要不假思索地采取防御性的态度，将沟通的内容看作对自己的批评，而要客观评价对方说的是什么。还有，始终牢记这一点：你的伴侣有权拥有他或她自己的感受，无论它们看起来与你的感受有多么不同或矛盾。

接下来，当情绪表露出来，真诚沟通的下一个阶段就是讨论，然后是谈判和妥协，双方据此探讨如何在不伤害彼此自尊的情况下摆脱根深蒂固的立场。当双方都真诚地试图倾听彼此的想法，即使最终结果只不过是求同存异，两个人也都知道自己的情绪得到了肯定。

沟通的重要条件 76

英国的火车上曾经有这样的标识，上面写着“紧急情况下请拉出警报索”。这句话可以作为正在经历关系危机的伴侣的箴言。但仅仅拉出警报索，换句话说，等事情到达危机点的时候才试图沟通，通常为时已晚，无力回天。

弥合鸿沟的孤注一掷的尝试往往收效甚微，有时甚至会让事情恶化。人们需要学习如何正确地与他人沟通，这是理所当然的事情，而且不单单是走个过场。但可悲的是，人们通常接触不到这样的教育。

美国人本主义心理学家卡尔·罗杰斯设定了有效心理治疗的三项重要条件：同理心（empathy）、一致性（congruence）和无条件积极关注（unconditional positive regard）。这三项重要条件可以被当作成人恋爱关系中有效沟通的基础。下面我将简要解释一下这三项重要条件。为适用这次练习的情境，我用“伴侣”一词替代了罗杰斯使用的“来访者”。

同理心：试着设身处地地为你的伴侣着想，去理解他们现在拥有怎样的感受。换句话说，通过他们的眼睛来看这个世界和你们之间的关系。

一致性：确保你的态度和反应是真诚的或真实的。还有，在
77 “你如何看待伴侣”这个问题上，不要给出一幅虚假画面（尽管有时小心说话和圆融处事是必要的）。

无条件积极关注：保持不评判的态度，将你的伴侣视作一个有价值的人，尽管他们有人性的缺点和弱点。

罗杰斯最初规定了六项重要条件，后来浓缩为上述三项。最初六项版本中有一项是与需要帮助的人“进行心理接触”（making psychological contact）。在我看来，进行心理接触囊括了浓缩后的三项条件，它可以说是进行有意义沟通的关键。

心理接触的本质是以一种使你能够理解伴侣和在意伴侣正在经历的事情的方式“融入”（turning in）伴侣。我们可能会发现，在任何情况下都做到有同理心和同情非常困难，但试着把自己和别人放在同一频率上是第一步。

下一步是接受伴侣有弱点和缺点，接受伴侣会受到伤害，接受伴侣可能把事情搞砸，而不总是做得正确。总而言之，接受伴侣也是人。通常，我们发现自己难以接受或原谅的别人身上的那些事情，放在自己身上也是不能接受的。

无可挽回的地步

如果一方不能或不愿倾听伴侣试图与他们沟通的内容，不愿理解或至少试图理解正在发生的事情，而且没有做好接受和向前 78
迈进的准备或至少从某种程度上尝试接受和前进，那么我认为，这段关系已没有再继续下去的希望。如果一方不准备以某种方式敞开心扉并表达自己现在的感受，尤其是当这种缄口不言的情况正对他们的关系产生负面影响，这段关系也难以再维持下去。

就像我之前说过的，每个人都会有所保留，这并不一定是件坏事，总会有难以做到完全开放和诚实的时候。然而，如果一些重要而又有可能破坏伴侣之间的亲密、相互尊重和彼此关怀的事情没有被说出来，关系的基础就有被侵蚀的危险。一旦这些未曾说出口的感受持续累积发酵，分道扬镳就会成为必然。我想传达的信息非常明确：停下来，看一看，听一听！

实用小贴士

- 当伴侣想要告诉你事情的时候，请尽量把自己的议题和回应搁置一旁。总会有轮到你说的时候！
- 坦诚面对自己的感受是一种有力量的表现，而不是软弱之举。
- 在负面情绪演变为怨恨并滋生出更大的问题之前，谈一谈它们。
79 • 在关系陷入危机之前，不要放弃尝试进行有意义的对话。
- 不管你一周的事务有多繁忙，都请保持固定的沟通时间或次数。还有，无论什么时候，都尽可能地保持沟通渠道的畅通。

重要知识点

沟通是一个双向的过程。没有正确的倾听，沟通就没有意义。

81

7. 自尊对关系的影响

你的生活状态不过是你心境的反映。

——韦恩·戴尔 (Wayne Dyer)

自尊（self-esteem）在决定我们关系的质量上扮演着重要的角色。我们对自己有怎样的感觉，或者换个措辞，我们正面和负面的自我意象（self-image），会在与伴侣互动的过程中不可避免地显现出来。因此，上述引用的韦恩·戴尔的话可以被轻易改写为：“你的感情状况不过是你心境的反映。”

想象一下，你被你的老板训斥了一顿。下班后，你和一位同事去喝酒，他说自己偶然听到另一位同事要升职，而这个职位恰好是你渴望已久的。你的自尊心肯定受到巨大打击。然后，你终于回到家，一位邻居看到你痛苦地走进房子，问：“一切还好吗？你看上去一点都不好。”

按 1—10 的尺度来衡量，走进家门的时候，你的自尊可能下降了 2 分或 3 分。只要再多一次负面沟通，你的自尊就会几乎下降为 0 分，使你随时准备逃离这个世界。正当你给自己倒了一大杯咖啡，一屁股跌坐在沙发上时，你的伴侣出现了，表情严肃，82
说道：“有件事我们需要谈谈。”

不管这件“需要谈谈”的事情是什么，你都会立即启动防御模式。由于这天的糟糕经历，你感觉自己被贬低了，为自己感到难过，你的自尊变得如此之低，以至于几乎消失不见。无论你的伴侣想说的是什么，你会公平地倾听对方说的话吗？你的伴侣会受到你粗暴的言语对待，或被你用那“令人难以置信的愠怒”“招待”一番吗？你并不需要一个精通人性的专家来告诉你这些问题的答案。

现在，再想象一下你与伴侣之间的画面，只是这次的情境是你在办公室度过了愉快的一天，又与同事和朋友进行了一番积极的对话。除非你们的关系已然或濒临破灭，否则完全可以说，在全然不同的情境下，即你的自我价值感很高的时候，你倾听伴侣、进行共情和作出妥协的意愿较高。

奥普拉·温弗里（Oprah Winfrey）曾说：“我们这一小时试图解决的问题是我认为的世界上所有问题的本源——缺乏自尊是战争爆发的原因，因为真正爱自己的人才不会试图攻击别人。”按照这种说法，那些自我感觉良好的人通常不会选择与伴侣争吵、贬低伴侣，或以不公平或刻薄的方式回应伴侣。

83 **试一试**

• 想象一下，你因为某种原因度过了糟糕的一天，你的自尊受到沉重打击。然后试着想象一下，你和伴侣正处在一个充满挑战的环境之中。

• 问问自己，你萎靡的自尊会对你与伴侣的沟通质量产生多大程度的影响。

• 在这种情况下，你在倾听和评估伴侣想要说的话时，能做到同情/共情和公正吗?

• 试着回忆一下具体的场合，即你自尊很低，你没有在倾听你的伴侣，还以不公平或消极的方式回应时的情景。

• 把这些与你自我感觉良好，能倾听伴侣说的话，并以更公平、更积极的方式进行回应的情景作个比较。

你可能已经注意到，我在描述自尊时用的形容词——“高”“低”“萎靡”。这为我们提供了一条关于自尊本质的主要线索：自尊是流动的，永远在变。自尊还受到我们所谓的“基本信念”——我们对自己的基本看法塑造了我们的人格——的控制和影响。

目前，大多数专家认为，一个人的人格是先天和后天两方面 84
综合作用的结果。意思是，我们的基因以及我们小时候被对待的方式，共同决定了我们的人格。我同意这个观点，但我倾向于强调后者的重要性。因为我认为无论我们是外向还是内向、是乐观还是悲观、有安全感还是没有安全感，它们更大程度上是由我们的父母或首要照料者而不是由我们的生理决定的。当然，其他因素也起到了一定作用，如来自社会的压力和媒体的影响等。

如果我们被不断灌输对自己的负面看法，被不断贬低和嘲笑，我们无疑会缺乏信心和感到焦虑。换言之，我们对自己的基本信念是中心，围绕在它周围的是诸如“我是个失败者”“我愚蠢又笨拙”或“我是不讨人喜欢的”等陈述。

如果早年（童年和青春期后期或多或少也如此）照料我们的那些人经常表扬我们，肯定我们的感受，而且让我们觉得自己是讨人喜欢的，那么我们长大后很可能会成为一个自信的、全面发展的成人。这样的成人更不容易感到焦虑或抑郁，抱有“乐观”（glass-half-full）或“没有什么不可能”（can-do）的态度，而不是“悲观”（glass-half- empty）或“我什么都做不成”（can’t-do）的态度。

在此背景下，我想到多萝西·劳·诺尔蒂（Dorothy Law Nolte）著名的诗《孩子从生活中学到什么》(*Children Learn What They Live*)。以下是节略版：

85 如果孩子生活在批评之中，他就学会了谴责。

如果孩子生活在羞愧之中，他就学会了内疚。

如果孩子生活在鼓励之中，他就学会了自信。

如果孩子生活在接纳和关爱之中，他就学会了在世界上寻找爱。

你的性格与你的自尊直接挂钩，因为你会对世界的运作方式形成自己的假设。例如，如果你是一个乐观主义者，你会认为一切事情都会朝最好的方向发展，因此你能相对更好地处理看似消极的事情，如失业或分手。

悲观主义者则不然，他们对结果的假设通常是消极的。这意味着，当事情出现问题的时候，悲观主义者会倾向于责备自己，将失败视作自己“人生脚本”的一部分。或者，他们会把失败看作——因为他们缺乏作为一个人的价值，所以事情注定会朝不利于他们的方向发展——这一假设的证明。

低自尊模型

牛津大学认知治疗中心（Oxford Cognitive Therapy Centre）临床心理学家梅拉妮·芬内尔（Melanie Fennell）博士提出了低自尊模型（model of low self-esteem）。该模型包括两方面内容：是什么触发了低自尊，低自尊又如何导致抑郁和焦虑。该模型的基本示意图如下。

86

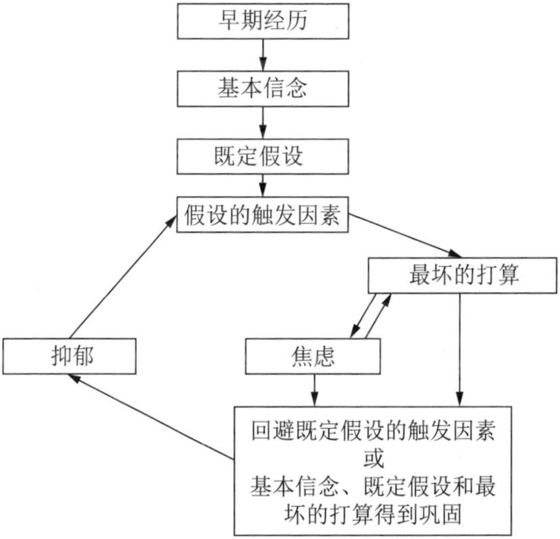

我很想强调的一点是，在我们“预设”（pre-set）的性格——作为个体，是性格决定我们成为现在的自己，它也是自尊的起

点——的限度内，存在一定的波动空间。此外可以说，自尊的波动是连续不断的，波动情况取决于生活中的日常情况——有时，自尊甚至每时每刻都不一样。正如“糟糕的一天”的例子说明
87 的，这些波动会影响我们的感受和看法，而且几乎必然会对我们回应伴侣的方式造成影响。

关于自尊的另一个关键因素是，我们一直在努力维护自己的自尊。除非我们碰巧是罕见的、不担心别人对自己的看法的人（我不确定是否有人完全没有这种焦虑），否则我们认为的他人看待我们的方式，对我们看待自己的方式和我们的自我感觉有着至关重要的影响。

低自尊的恶性循环

强调“认为”这个词是因为，我们认为真实的东西其实往往不是现实。因为我们相信它是真实的，所以它才能深深地影响我们。我们的信念还会导致自我批评和谴责的恶性循环，因为自尊处于低谷时，我们会更容易吸收与自己有关的负面信息，同时过滤掉所有正面信息。

在这一语境下，认知行为疗法（cognitive behavioral therapy）中使用的可视化练习（visualizing exercise）就值得一提了。如

果来访者陷入负面思维的怪圈，治疗师会要求他们想象自己是一个有着传统矩形开口的邮箱。在想象中，负面信息是长方形的，因此它们可以从开口处进入邮箱；而正面信息是圆形的，因此它们无法通过矩形开口。治疗师使用这一意象来帮助来访者逐渐意识到自己对采纳正面信息的抗拒，并帮助他们训练自己的 88
思维，让他们慢慢意识到这种模式何时在发生，从而改变这种模式。

有理由说，我们在任何情况下都在监测自己的自尊。当我们在工作中与同事打交道时，在社交场合认识新朋友时，与朋友交谈时，与医生或教师等专业人士打交道时，与商场和餐馆中的工作人员交涉时，从未有哪一种情形，我们不在监测自己的自尊。毫无疑问，处在关系之中的时候，我们仍在监测自己的自尊。

我们对维护自尊的关注主要集中在不被视为软弱的、能力不足的或出错的。因此，本书“引言”部分以比尔和安吉为主人公的案例研究中，两位当事人认识到彼此之间的争斗和反击的恶性循环在很大程度上是在努力不显得脆弱或丢脸后，他们持续的争吵立马出现好转。

试一试

• 想象自己在某个场景下进行的对话，如工作场景、社交场合以及与伴侣进行讨论。当你试图让自己看起来或听上去是某种样子时，你的言谈和举止受到影响了吗？

• 你很关心其他人如何看待你和评价你吗？

89 • 被视作具有某些特定品质和特征的人，对你来说有多重要？同样，不被视为无能的、能力不足的或某些方面有缺陷的人，对你来说又有多重要？

• 以上几点与你认为的丢脸和/或自尊受损是否有关？

关于自尊，要注意的第三点是，我们经常把对自己的负面感受投射到他人身上，借此诬陷他们在批评我们，或对我们评头论足。而实际上，批评来自我们自己的想法。投射的心理机制已在第 2 章中介绍，这里再作一个简要提示：投射是一个潜意识的过程，在这个过程中，我们通过把关于自己的消极的感觉或难以接受的感觉放在他人身上，来卸下这些感觉。

在一方或双方都饱受自尊问题困扰的关系中，投射可能发挥了主要作用。例如，如果一方觉得自己没有吸引力或在某种程度上能力不足而自尊很低，他/她可能会认为伴侣不再想要他/她，不愿意交出自己的感情或停止与他／她发生性关系。或者，如果一方在性生活方面欲求不满，并开始用贪恋的眼神环视周围的人，他／她可能会将伴侣看作那个四处张望的人，甚至指责对方有外遇，试图以此来应对那些难以接受的感觉。

低自尊还会导致“自证预言”。这是另一种潜意识的心理机 90
制，指我们自己造成或设置了害怕的情境却未意识到这一点。消极情况发生之后，设置自证预言的人通常会说：“我就知道他／她最后会离开我，现在事情完全按照我预想的那样发生了。”

案例研究

马克（Mark）是一名成功的投资银行家，表面上自信，善于交际，颇受欢迎。然而，他的经历简直是一段遗弃史——他的父亲在他四岁时离开了家，他的母亲在他六岁时去世了（这从结果上看等同于第二次遗弃），而他的前妻在与他结婚三年后跟他离了婚，投入了他最好的朋友的怀抱——所有这些经历让他变得极度缺乏安全感，对自己作为一个人的价值和自己的“男子气概”也非常没有自信。除了这些重大的个人丧失经历，马克还谈过一连串的恋爱，而他的女朋友几乎都在很短的时间内选择了离开。

马克来找我进行治疗的时候，已经再婚，而且和他的新妻子在一起快两年了。尽管这段关系比他以前的短暂恋情持续的时间要长得多，但这第二段婚姻又逐渐恶化到他的妻子威胁要离婚的地步。

在治疗过程中，我们检视了马克根深蒂固的不安全感和低自
91 尊，以及这对他的婚姻可能产生的影响。经过长时间对妻子性格的攻击和对自己在冲突中扮演的重要角色的否认，事实表明，马克经常与其他女人调情，还对妻子越来越疏远和富有攻击性，而且拒绝与妻子进行任何亲密接触。

当我向他指出，他这样做是在故意把妻子赶走——一个自证预言的现实例子——马克最初对我表现得异常愤怒。然而，他随后表现得非常情绪化。他说："我想你是对的，我就是这么做的，而且我每次都这样做，我想阻止却无能为力。"

我向他解释，他的行为是潜意识的，目的就是让他担心的事情（伴侣离开他）发生，因为这样他就可以告诉自己，"我就知道这事会发生，因为我一文不值，人们不想了解我"，从而证实他对自己的低评价。

努力实现自我接纳

认识到缺乏自我价值如何影响我们的关系仅仅是第一步。要

解决这个问题，让它变得更加可控，并建立一个更正面的自我意象，通常需要心理咨询师或心理治疗师的专业帮助。

传统取向的咨询师，如精神分析（psychoanalytic）或心理动力学（psychodynamic）取向的治疗师，会带你回到童年，试图 92
找出你低自尊的根源，并帮助你识别那些在当下重新浮现并将你困在消极思维模式里的负面声音（negative voices）或“内在批评”(inner critic)(通常是贬低孩子的父母)。

认知行为取向的治疗师则更加注重“此时此地”(here and now)，包括观察错误的“认知”(cognitions)/“想法”(thoughts)。尽管它们是对现实的歪曲，却不断在重演。例如，如果你觉得别人认为你很无趣，那么每当你出现在社交场合，你就会说服自己相信，你是一个沉闷而无趣的人，并潜意识地避开其他人。反过来，别人会认为你冷漠不友好而远离你，从而证实你的信念，即别人确实认为你很无趣。

治疗的目的不在于完全对关于自己的负面想法免疫，因为那不现实。治疗目标应着重于自我接纳，让你专注于自己的积极品质，并帮助你意识到那些会自动愈演愈烈的负面思维。

从上面提到的马克的案例中可以看出，如果低自尊的问题没有得到解决，它将带来破坏性影响，而且即使没有完全摧毁一段关系，也可能导致持续的冲突。这就把我们带到了下一章的主题……

93 **实用小贴士**

• 监测自己的感觉，试着看看你的情绪低落或缺乏自信是否与你和伴侣间的冲突存在联系。

• 记住，伴侣与你的自尊没有任何关系。只有你才能改变对自己和生活的负面感觉。如果这些负面感觉持续出现，不妨看一下心理咨询师或心理治疗师，或寻求家庭医生的帮助。

• 把埃莉诺·罗斯福（Eleanor Roosevelt）的这句话牢记在心："未经你的同意，没人能让你觉得自卑。"

重要知识点

不安全感、自我怀疑和糟糕的自我意象是引发你恐惧之事的罪魁祸首。

8. 冲突的意义

当你和某人发生冲突时，态度会决定你们的关系是加深还是被破坏。

——威廉·詹姆斯 (William James)

因为人们会将自己独特的性格和世界观带入关系，所以实际上，对于两个人组成的某段特定的伙伴关系在现实中会如何运作，并没有万无一失的保证。可以确定的是，分歧和冲突必定会发生，因为每个人都是独一无二的，就像世界上没有两枚相同的指纹。当然，我指的冲突是比恋人间的口角更严重、更可能对关系造成伤害的事情。

更进一步说，冲突不仅会发生，而且应该发生，这听起来可能有些奇怪，但如果关系中从未发生任何冲突，那么可以有一定把握地说，一方或双方压抑了某些东西，而这既是不健康的，也是无益的。正如我在第 6 章谈及真诚沟通的重要性时曾解释过，压抑对你来说重要的情感，或闭口不谈某些重要的事情，往往会滋生怨恨，而怨恨会蚕食关系的基本结构，最终会将关系摧毁。

96

争吵如何使关系保持活力

分歧可谓是关系依旧健康并存在下去的证明。如果一方不准备卷入潜在的冲突局势，这可能意味着他们在这段情感关系中没有投入情感。换句话说，他们对另一方的激情、爱意或尊重已经消失，而且他们找不到与另一方争吵的热情。

关系常因双方失去自发性和兴奋度，以及深陷日复一日的生活的泥潭而触礁。正因如此，人们有时（通常潜意识地）会挑起冲突来测试他们的伴侣是否仍有足够的兴趣来回应。没有安全感的人甚至会把这当作例行公事，以确认伴侣的投入度和对自己的关心程度。

对一些情侣来说，持续不断地处于战争状态是一种刺激关系和保持活力的方式。这类人通常拥有这样的家庭背景——在他们的家庭中，冲突几乎是家常便饭，因而被视为正常的相处方式，没有争吵声作为“白噪声”的生活反而是陌生和不自在的。

冲突风格的差异

心理学家谈到“冲突风格”（conflict styles），指的是个体参与冲突的方式。这些风格基于个体家庭处理冲突的方式而形成。

持续暴露于家庭中个体“战斗”风格之下的孩子，脑中会留下印记，成为其成年时期冲突风格的模板。 97

例如，一个家庭成员可能完全占据支配地位，并把自己的观点强加给其他人，不给其他人任何讨论或谈判的空间。家庭处于争吵和无休止争论的氛围之中，这些争吵和争论从未得到解决。或者家庭里回避冲突，仅仅是出现分歧的可能性在抬头，就会让他们立刻“盖上盖子”(bringing the lid down)①。

依恋类型——个体与母亲或首要照料者之间的联结方式，正如第 3 章中详细解释的——也在关系冲突中发挥了作用。安全型依恋个体通常更能建设性地处理冲突，与伴侣协商妥协。与之形成对照的是，不安全型依恋个体倾向于将冲突更多地看作威胁，并以不那么有建设性和更具防御性或破坏性的方式进行回应。

案例研究

琳达（Linda）来找我治疗是因为她十二年的婚姻陷入严重的困境。她年近四十，是位害羞而又没有安全感的女性。琳达一直怀疑丈夫托尼（Tony）与一位女同事有染。当她在托尼手机

---

① 日本有句谚语“要是闻着发臭，那就盖上盖子”，即“眼不见为净”的意思。——译者注

上发现了另一个女人发给他的一系列亲密短信后，托尼终于被迫承认。

98 在托尼供认之后激烈而漫长的争吵中，琳达不断向他施压，要求他解释为什么要开始这段婚外情。她询问的诸如“她比我漂亮吗?”“她更有趣吗?”“她的床技更好吗?”等问题，得到的都是托尼相当含糊的回答。直到琳达变得更加绝望，恳求他：“求求你，告诉我为什么。你亏欠我那么多。”他才终于开了口。

托尼告诉琳达，他被他的情妇吸引住了，因为她看起来对生活更有热情，而且丝毫不畏惧表现自己的情绪，无论是消极的还是积极的。对他来说，那就像一股清新的空气，或者更准确地说，是一股生命的气息。

当托尼补充说他觉得琳达在情感上总是反应很迟钝时，她深深地受伤了。她拒绝卷入争吵，因此一直在争吵之初就把争吵“抑制起来”，从而避免卷入其中。正因如此，托尼觉得他们的关系变得乏味，也不再令人感到满足。他还说，他不再觉得琳达有吸引力，从肉体层面和心理层面来说都是如此。

在随后的治疗中，琳达透露，她的父母一直给她灌输“把情绪表现出来是不对的”的观念。他们说，无论出了什么问题，最好把你的感受藏在心底并坚持下去。甚至当琳达在初中被欺凌的时候，他们依然告诉她“适应它，这就是生活”，留下她自谋生路。

表达正面情绪，如喜悦和兴奋，也被强烈地阻止，感情和爱 99
意的流露在家庭生活中根本没有立足之地。父母似乎希望琳达变成一个机器人，可悲的是，托尼最后正是这样看待她的。

应对冲突的性别差异

我在本书的前面讨论了性别刻板印象的危险性，指出它有时会导致对两性之间不可调和的差异的刻画。然而，“男女两性在应对冲突的方式上存在某些基本的差异”这一说法有一定道理。例如，研究证实了人们普遍认为的男女关系中的一项常见假定——在谈到对问题的反应时，女性更可能想谈论问题，而男性会选择回避它们并建起情感壁垒。

然而，不管是对男性还是女性来说，梦想找到一个每时每刻都与自己百分百和谐一致的人——有时候也被称为“灵魂伴侣”——是一种会让人误入歧途的幻想。现实是，如果一位善良的仙女挥动她的魔法棒，变出一个与你在每一件小事上都完全意见一致的梦中情人，他们从不提高自己的嗓门或表现出强烈的情绪［就像电影《复制娇妻》(*Stepford Wives*）中的斯戴佛夫人

（Stepford Wives）]，几乎可以肯定的是，你会发现他们非常无趣和令人恼怒，而且你会觉得你们之间的关系生不如死——就像托尼和琳达。

100 **试一试**

• 拿出纸笔，列出你看到的冲突的主要特征，把它们分为积极特征和消极特征。

• 从这个清单上看，你对冲突的态度是怎样的？

• 你的态度在多大程度上应归因于你的家庭处理冲突的方式？

• 你是否认为冲突会不可避免地损害你的关系，你是否把它看作一个让事情重新回到正轨并继续前进的机会？

冲突被很多人视作禁忌之地（a no-go area）。不仅仅因为他们从小被反复灌输这种观念，即吵架和表达愤怒是不好的，就像琳达，而且因为在某些社会中，冲突在某种程度上仍带有社会禁忌的意味，就如传统英国人“僵硬的上嘴唇”（stiff upper lip），①

① 指不能让他人看出自己的感情变化，即面对困难不动声色。——译者注

在我看来，这仍然是英国民族性格的一个特征。在其他社会中，如拉丁民族，不加节制地发泄自己的情绪（giving vent to your emotions）被认为是正常之举，只要它没有被秉承至极端，就是更为健康的态度。

正如本章开头引用的威廉·詹姆斯的话所强调的，在关系中，应对冲突的态度具有举足轻重的意义。恶劣的、涉及人身攻击的冲突是破坏性的，而且会导致顽固不化的立场。在这个立场 101
下，有关各方一心想报复对方，不惜一切代价只为赢得胜利，但这一代价往往远大于冲突开始时他们想象的。也就是说，冲突演变成难以甚至不可能停止的恶性循环，最终导致关系双方分道扬镳。

解决冲突能让关系更上一层楼

如果能以建设性的方式处理冲突，把所有关于胜负的想法都搁置一旁，则可以提供一个宣泄分歧的机会，而这反过来又促使个体有机会检验自己对某一特定问题的看法和更广泛的世界观，将自己的观点与伴侣的进行比较。如果这是在和解的精神下完成的，它就能使各方通过协商达成折中方案。这个折中方案不仅能使争端得到满意的解决，而且能让关系更上一层楼。

人们在积极应对斗争和逆境的过程中成长并渐趋成熟。用老生常谈的话来说，这些表面上看似消极的境况其实是在塑造我们的性格，并为我们提供改变和新的可能性。从长远来看，以健康和积极的方式解决冲突可以让关系处在更坚实的基础之上，因为它代表一种积极的共享体验（shared experience），而共享体验具有增进亲密的作用。

此外还需要承认的重要一点是，并非所有重大分歧都能得到解决，它们也并不一定都应该得到解决。放弃“自己只能对不能错”的需要，承认他人的观点有其可取之处，甚至可能优于自己
102 看待事情的方式（政治家请注意！），需要一定程度的谦逊。谦逊是一种非常重要但又常常不被重视的品质。而且有时候，最明智又最具建设性的做法是求同存异。

关于永久性差异的研究

心理学家约翰·戈特曼（John Gottman）专门研究关系，尤其是导致分手的原因。他的研究表明，关系中的大多数冲突是永久性的（69%）。这些永久性的冲突没有办法被解决，因为它们建立在人格和需求的根本性差异之上。关系双方既可以就这些永久性的问题进行“温和的对话”，也可以生活在“僵局”之中。

戈特曼还发现，在关系双方关于他们的永久性问题的立场中，存在着所谓的“隐藏议程”（hidden agenda）——对伴侣而言深刻且有特殊意义的东西。关系双方之所以会在同一个问题上一遍又一遍地争论，是因为他们在某一特定问题上的立场与他们内心深处的个人信仰或价值观紧密联系在一起，这让妥协成为近乎不可能的事。

举个例子——在关系中行床第之事的频率的分歧。解决这个问题，需要从双方对性的总体看法以及他们为性赋予的意义入手，而这些看法和意义无疑与他们自己的个人经验和成长经历密不可分。

戈特曼的研究［与罗伯特·利文森（Robert Levenson）协力 103
完成］还识别出四种似乎预示着关系终结的成分。这四种成分被称为“天启四骑士”（The Four Horsemen of the Apocalypse）：

- 批评——口头攻击或贬低自己的伴侣；
- 防御——声称自己的行为是可接受的或正当的；
- 蔑视——蔑视自己的伴侣；
- 敷衍——拒绝承认或讨论关系中的问题。

你仔细研究一下这四种预测关系终结的成分就会发现，它们凸显了一种“对抗性”（adversarial）的应对冲突的方式。也就是说，一种“非胜即负”（win or lose）的心态，以及丝毫不顾及他人观点的打算，或不作任何达成一个妥协方案的努力。如果一方不再忠于这段关系，有意识或无意识地寻求出路，他们更有可能采取对抗性的方式。尽管直截了当的“猪头行为”（pig-headedness）也可能是这种行为的根源！

如果关系没有到达或接近“游戏终点”，就会出现一种处理冲突的中间方式。通过这种方式，关系双方设法将事情控制在伤
104 害最小化的水平上，并找到一种继续在一起的可行的方法，即使结果并不尽如人意。有些夫妻以这种方式凑合着过了好些年，通常是怨恨夹杂着感情。这变成一种可以接受的生活方式。

维护行为的利弊

这些更有和解之意的解决关系冲突的方式有时被称为“维护行为”（maintenance behaviours），包括愿意牺牲或淡化自己的信仰或目标、对伴侣不公平或不体贴的行为采取包容的回应方式，以及不想着“隔岸风景好，邻家芳草绿”，去寻找看似更好的选择，如出轨。

当然，维护行为可能只是一贴狗皮膏药，未必是解决问题的长久之计。戈特曼说，在长久的基础上处理冲突的一个关键原则

是温柔（gentleness），指的是让某个人对待问题的方式和态度有所软化。戈特曼还提倡良好的友谊和亲密感，并建议这些需要辅之以“共享意义系统”（shared meaning system）。

“伴侣需要确定自己的人生目标，以及赋予日常生活意义，并与对方沟通，”戈特曼说，“伴侣需要向彼此透露他们的优先事项和价值观，他们的目标和使命，他们的伦理标准和道德规范，他们总体的人生哲学……”

因为人们来自不同的背景，有着不同的生活经历和世界观，期望关系双方在所有问题上都能“异口同声”并不现实。但是，就算不能就某一特定问题达成一致，至少应该理解对方 105
的立场，理想情况下，最好能达成一定程度的妥协。而更重要的是，愿意去理解对方，愿意试着设身处地地为对方着想，愿意承认，即使他们的观点没有胜出，也至少和你的观点一样有效。

真正的沟通是至关重要的

有了这种包容的态度、妥协的精神和温柔的方式（用戈特曼的话来说），以建设性和健康的方式处理冲突就变成一个关于开诚布公沟通的问题，而且是首要的问题。正如第 6 章中提到的，这意味着以一种专注的、非评判性的方式倾听和交谈。

如果没有这种“真正的”沟通，你就不可能理解：在某个特定问题上，你的伴侣内心深处此刻有着怎样的感觉？是什么促使他们从某个特定的角度来处理这个问题？关于放弃这个职位，他们有什么样的顾虑，以及这样做会对他们的自尊产生怎样的影响？

进一步说，如果没有开诚布公的沟通，你将无法对你的伴侣在关于他们自己和生活上持有的基本信念，以及这些信念由何而来，形成充分而有意义的理解。换句话说，你将不能理解是什么使他们成为现在的自己，成为这个你选择与之在一起的人。

106 正如我在前面的章节中多次强调的，人们之所以不愿坦诚沟通，通常是因为恐惧——害怕丢脸或失去自尊，害怕被视为愚蠢的、软弱的或脆弱的，害怕被利用——和骄傲，而骄傲也是建立在恐惧之上的。为成功通过谈判解决冲突，这些恐惧必须被搁置一旁，而这需要勇气、“宽广的胸怀”和“退一步海阔天空”的意愿。你的关系要变得长久且不断成长，除了放下恐惧并坦诚沟通，别无选择。

实用小贴士

• 试着把冲突看作关系的正常组成部分，如果冲突能通过谈判得到解决，它可以增进关系的亲密度而不是破坏它。

• 先就核心问题达成一致，然后一步步商量，以建设性的方式处理这一问题。

• 和伴侣争吵时，专注于关系的积极方面，并不惜一切代价避免指责和人身攻击。

• 尽自己所能做到开诚布公。表达你的恐惧和焦虑。还有，倾听伴侣的担忧，不要预判或置之不理。

• 专注于当下。放下过去的不满和怨恨，它们会影响你公 107
平客观地看待当前局势的能力。

重要知识点

成功处理冲突，意味着放弃所有关于胜负的想法。

109 # 9. 为你疯狂

只有在爱中，我们才对痛苦毫无防备。

——西格蒙德·弗洛伊德 (Sigmund Freud)

本书的前半部分主要关注一些我们需要着手处理以实现健康关系的关键要素，如沟通、改变和冲突，并假设我们可以对这些问题保持理性，以达成这一点。然而，至少在关系的早期阶段，这一假设是没有意义的，因为任何有关理性、有序思维以及健康的客观性的概念都常常被直接抛之脑后。

引用上面弗洛伊德的话，降低防御纵使不是我们进入一段浪漫关系时做的第一件事，也是当务之急。如第 3 章所述，在心理学家看来，浪漫爱情的主要特征之一是降低个人防线——有时也被描述为“自我边界的轰然崩塌”，即意味着让另一个人完全走进自己的内心或与他人融为一体。

正如弗洛伊德所言，我们很容易因此遭受痛苦。这一点可以轻而易举地从我们开始一段新恋情时，常使我们感到不知所措的

强迫性思维和极端的身心唤醒状态中得到证明。如果我们选择的 110
那个人似乎满足我们一直在寻找的那个特别之人的所有条件，或者用流行语来说，我们选择的那个人似乎就是我们的“灵魂伴侣”，那么这一点就更是如此了。

强迫性的幻想

20 世纪 80 年代在美国举行的一场关于爱情和吸引力的会议上，心智暂时性故障（temporary malfunctioning of the mind），一种经常在个体进入一段浪漫的爱情关系时对其产生影响的故障，得到以下高度技术性的描述：“一种认知–情感状态，其特征是侵入性和强迫性的幻想，涉及处于恋爱状态的对象之间的爱的感觉的互换。”

虽然这听起来像是心理学呓语（psychobabble）[①] 专业的高级研修课程，但其中包含的有关关系的有价值的信息，值得更详细地考察。可以挑出来的关键词是“侵入性和强迫性的幻想”，它准确描述了失控的心态，而这种心态是爱得“疯狂”、失去立场和脱离现实的一种特征。

---

① 心理学呓语指谈论感情问题时使用的用词深奥但空洞的语言。——译者注

我并不是在暗示每个开始一段恋情的人都有这种彻底的极端疯狂的倾向。然而，当我们遇见某个一见钟情或痴恋的对象，从某种程度上来说，行为和思维发生一定改变是规律而不是例外。这反过来意味着，我们往往看不清局势和所爱之人的真实面貌。

111

使最理智的人疯狂的魔力

古希腊人把爱称为“众神的疯狂”。在荷马（Homer）的《伊利亚特》（*Iliad*）中，爱被描述为“使最理智的人疯狂的魔力”。柏拉图则说：“所有的爱都是神的疯狂。”再想想现代关于爱情的描述，包括“我为你疯狂”“爱得神魂颠倒”，当然还有“坠入爱河”，这些都暗示我们的心智被一种暂时的疯狂占据。

对这个我们如此强烈渴望着的特别之人的强迫性的幻想和强迫性的追求，① 很大程度上与试图保持对局势的一定程度的控制有关。然而，具有讽刺意味的是，心智的这种“痴迷热恋”的状

---

① “强迫性的幻想”和“强迫性的追求”中的两个“强迫性的”从字面上看没有区别，要对其真正含义进行区分需要从英文原文上来理解。“强迫性的幻想”英文原文为“obsessive fantasizing”，“obsessive”偏重精神上和心理上的过分着迷、迫切；而“强迫性的追求”英文原文为“compulsive pursuit”，“compulsive”更强调行为上的强制性。强迫症的英文为“obsessive-compulsive disorder”，意指强迫症患者既有强迫思维，也有强迫行为。——译者注

态往往会带来与我们想要达到的目标相反的结果。当我们守候在电话旁，一遍又一遍地查看短信，或者试图想象他们正在做什么，以及他们每分每秒都是与谁在一起时，我们实际上已完全失控。

这种恋爱关系初期阶段的疯狂还包括在我们的激情对象面前放弃自己的权利。套用乔·科克尔（Joe Cocker）和珍妮弗·沃尼斯（Jennifer Warnes）的热门歌曲《让我们登上那属于我们的高处》(*Lift Us Up Where We Belong*）的标题，只要耳鬓厮磨几句或一个爱意的表达，这个充满魔力的人就有能力“带我们冲上云霄”。然而，如果他们说了会打电话给你，却没有打来，或看来像在注意其他人，他们就能让我们回归现实。

案例研究 112

马里昂（Marion）因轻度抑郁而来找我治疗。轻度抑郁意味着她一直感到不快乐，常常泪流满面，但她仍旧有能力维持自己的生活，履行她作为有两个十几岁孩子的单身母亲和兼职医疗秘书的责任——这与临床抑郁症患者形成鲜明对照，后者丧失维持日常生活的能力。

然而，即使她并没有因情绪低落而不能动弹，生活对她来说也变成一场漫长的考验，而不是一件值得去经历和享受的事情。她说，她发现早上起床成了一件困难的事情，因为她没有任何动力或目标。但在我们早期的治疗中，她告诉我的最能说明问题的事情也许是，她觉得自己好像一直在寻找什么东西，却未曾找到。

很快我就明白了，马里昂应该说“某人”，而不是“某物”，因为在我让她思考她需要什么来赋予她生命的意义时，她立即回答“我的真命天子”。她紧接着透露说，她有一长串与男性交往的经历，最开始的时候，她把他们当作自己可能的人生伴侣。

每次她遇到未来的伴侣，都会被这种新的激情吞噬，以至于放弃生命中的其他一切去追求他。她的工作因此变糟。此外，她自己也承认，当她把所有的情感资源都投入新恋情时，她的孩子
113 遭受了自己的情感忽视。

起初，她生命中的那个男人似乎同样渴望一段忠诚的感情。然而，当我们试着找出她的恋情都相对短暂的原因时，事实表明，马里昂的行为完全过头了——她每天给他们打二三十次电话，不打招呼就往他们家里打电话，还没完没了地给他们送礼物——显然，她被认为痴迷到疯狂的地步，甚至近乎变成一个跟踪狂。

当马里昂能够退后一步，理性地评估自己的行为，她就明白为什么这些可能的“人生伴侣”停留的时间都如此之短。随后，我们的工作开始集中于帮助她用更深思熟虑、更客观的方式对待未来的关系，并努力让她在陷入爱的疯狂而做出不理性的行为，甚至从某种意义上来说，进行自我伤害的时候，能意识到这种状况。

坦诺夫的深恋感理论

20 世纪 60 年代，多萝西·坦诺夫（Dorothy Tennov）在深入研究爱情和关系后，创造了“深恋感”（limerence）一词，用来描述我们刚刚提到的浪漫爱情中的非理性的、强迫性的方面。坦诺夫的研究覆盖 500 名来自不同背景和年龄段的异性恋与同性恋者。此外，她的研究结果是 1969 年出版的《爱与深恋感》 114
（*Love and Limerence*）一书的基础。

深恋感的特征包括幻想、侵入性思维、认知强迫、不确定性、焦虑和隐含的对互惠的需求。坦诺夫将深恋感描述为使人上瘾的、神经质的和幻想的，并认为它不仅仅是迷恋。

处于深恋感状态类似于躁郁症（manic depression）[又称“双相情感障碍”（bipolar disorder）]患者经历的情绪高涨和极

度低沉的状态。幻想是其中一个主要组成部分，包括被暂时的“疯狂”控制的人想象出来的极端甚或童话般的情境。例如，他们可能会幻想将心爱的人从可怕的命运中拯救出来，而作为回报，他们会得到对方永恒的爱。或者，他们相信自己渴望的对象可以时时刻刻看到自己的一举一动，听到自己的一言一行。

扭曲和否认

当我们处在这种初始的“不平衡”阶段的控制之下，我们通常会对自己心爱的人产生一种扭曲的看法，否认他们所有的负面特征，并将他们想象成对人类普遍的弱点和缺点完全免疫的超人。发表在《政策科学杂志》(*Journal of Policy Sciences*）上的一篇关于浪漫爱情之基础的研究将恋人间的扭曲（distortion）和否认（denial）现象描述为：

> 115 浪漫爱情的特点在于，一种对我们所爱对象身上具有的一套被我们有意限制过的感知特征集的全神贯注。这个对象被我们视为通往某些理想结局的途径。在选择感知特征集和确定理想结局的过程中，存在一种系统性的失败，即无法评估感知特征集的准确性和实现理想结局的可行性。

自欺欺人（self-deception）可能是所有敌人中最具破坏性的一个。人们会不遗余力地扭曲、塑造和广泛地操纵自己心爱之人的个性，使他们符合自己的幻想，即他们就是自己的“真命天子 / 真命天女”(the one)，而不管他们心爱的人是待他们如粪土、出轨、像寄生虫一样依附在他们身上，还是对他们进行肢体暴力。自欺欺人的人不仅不会理睬这一切，还会拒绝接受任何其他人所说的关于他们的“绝好”先生或女士的坏话。

如果否认是游戏的名字，那么处于痴迷热恋中的个体就是这个游戏的老手，绝无可能承认被命运派送到他们身边的那个人身上存在哪怕最小的瑕疵，因为这意味着美梦破灭。我已经数不清到底有多少次，我的来访者在叙述完他们伴侣所做的负面、低级或者令人发指的事情之后，接着说：“但我爱他 / 她！”

承认伴侣的不良行为对他们来说已难于登天，离开这段关系几乎毫无可能，尽管事实上，这样做其实会让他们的生活变得更 116
好。不敢这样做通常是出于对分离的恐惧，对独处的害怕，以及对不得不在没有“另一半”的帮助下，独自面对世界、自己和自己内心的“恶魔”的畏惧。

试一试

• 把注意集中在你遇到一个对你有强烈吸引力的人之后的那段时间上（这个人可以是你现在或最近的伴侣，也可以是过去的某个人）。

• 试着回忆你那些偏离常规的行为或思维方式（小的改变与大的变化同样重要）。把这些变化列出来。

• 按1—10的尺度来衡量，在关系的第一阶段，你的行事方式有多不同？从你一反常态的/基于幻想的/强迫性的，或三者兼有的思维和行为的角度来评估。

• 这种思维的改变是否对你以理性/客观的方式看待自己的激情对象的能力产生了影响？

许多关于浪漫爱情现象的研究都集中在它能带来的可测量的心理和生理变化的力量之上。例如，英国心理学会（British Psychological Society）的一项研究考察了各种各样的脑部扫描后
117 发现，“处于恋爱状态”的大脑和“处于精神疾病状态”的大脑显示出相当多的重叠（considerable overlap）。

其他研究表明，坠入爱河的人出现了强迫症的症状，如不停地洗手、不断地重复检查门是否关好，以及一遍又一遍地重复其

他的小仪式。帝国理工学院（Imperial College London）的研究人员发现，爱情的起起伏伏造成的生理影响可以对人体造成长期损伤，等同于压力引起的疾病。

帝国理工学院的研究考察了“过山车式”爱情的感觉。这种感觉对任何经历过过度激动的情绪、紊乱的睡眠模式、体重减轻，以及强迫性思维的人来说，并不陌生。如果让我们遇到一个各方面都很契合的人是一场交易，那么上面所有的感觉就是交易的一部分。而且，尽管严格说来，考察关系的生物学和化学性质并不在本书的内容范畴之内，但至少简单地提一下在幕后扮演着举足轻重的角色的生物化学或“大脑化学”因素似乎尤为重要。

为什么爱让我们变得愚蠢

“爱情”这场剧幕的主要化学角色是苯乙胺（phenylethylamine），它在关系的早期阶段就已采取行动。苯乙胺对大脑和中枢神经系统的作用类似安非他明（amphetamine，又称“苯丙胺”），可使它们超速运转。夜店客使用安非他明，或众所周知的“快速丸”
（speed）来获得快感，这种快感能让他们保持超出平常极限的良 118
好状态。安非他明过去曾是减肥药的主要成分，因为它可以抑制饥饿感。

具体来说，苯乙胺在爱情关系中的关键作用是，刺激我们的思维和行为，让我们变得无所顾忌，失去控制力，降低自己的个人边界，并导致我们以一种一反常态的、过度夸张的方式行事。苯乙胺还会引发我们熟知的生理反应——手心出汗、心脏怦怦直跳、忐忑不安，以及全身紧张和过度警觉。这些生理反应伴随着新的关系那令人眩晕的兴奋而发生。

当苯乙胺被释放到我们的生理系统之中，我们的肾上腺素（adrenaline）水平会随之上升，这反过来又会刺激多巴胺（dopamine）的释放。多巴胺是一种与人类许多重要功能有关的化学物质。这些重要功能包括行为、思维、运动，以及心理学家所说的“基于奖赏的行为”(reward-based behaviour)，这种行为往往与成瘾有关。这也是从吸毒、酗酒或赌博中获得的奖赏。这种奖赏通常是一种良好的感觉或兴奋的感觉，尽管是暂时性的。

“爱情化学物质”对我们的生理系统的猛击并未就此终结。当苯乙胺和多巴胺起作用时，它们会抑制血清素（serotonin）的功能。血清素是一种控制我们的冲动和狂热欲望的神经化学物质。血清素水平下降会使我们感到沮丧、恐慌、强迫和失控。前面提到的强迫症患者的血清素水平就很低，因此他们常需服用

“百忧解”（Prozac）来进行治疗。

为了让“化学物质家族”（chemical brothers）阵容齐整，还需 119
介绍一种叫作“催产素”（oxytocin）的神经肽（neuropeptide）。神经肽是神经元（神经系统中的细胞）用来相互交流的分子。催产素通常被称为“拥抱激素”（cuddle hormone）。在我们生孩子、哺乳（breastfeeding）以及行床笫之事的时候，大脑都会释放催产素。在性高潮时，催产素水平会飙升，我们的身体充斥着被称为“内啡肽”（endorphin）的天然阿片类物质，它能引起与高强度体育锻炼相关的快感。

看一下这份隐藏在幕后的“劫机者名单”（从科学角度讲，这份名单还远谈不上完整），在我们爱上某人的时刻，我们显然不是自己命运的主人。此外，还有形形色色的心理驱力，它们来自我们的意识或潜意识，在我们被某个特定之人的魅力吸引的过程中逐渐走至幕前，各自发挥作用。

实用小贴士

- 当你开始一段新恋情时，试着退后一步，观察一下你自己、你的行为和你的思维。你是否表现得一反常态、不理性或强迫呢？

• 不要将目光局限于新恋情带来的自然而然的兴奋和期待，而要放大自己的视野。换句话说，给自己时间和空间，从长期出发，考虑一下这个人是否真的适合你。

• 敏感地拒绝任何来自你的新伴侣的压力，不要让这些压力迫使你们的关系发展到你还没准备好的程度。

重要知识点

“痴恋成真”，这可能是令人极其兴奋的经历，也可能会彻底改变你的人生，但最后也可能以眼泪收场，以悲剧结尾。

10. 天生一对

过去并未就此终结。事实上，它甚至并未成为过去。

——威廉·福克纳 (William Faulkner)

近来，我们读了很多关于所谓的“吸引力法则”(law of attraction) 的文章。吸引力法则指的是，按常理推断，我们拥有的一种可以号召宇宙将我们生活中需要或渴望的东西交付出来的力量。我认为，这种现象看起来非常值得怀疑，尽管可以说，如果你主动并坚持不懈地追求某个目标或某种境况，你将会创造出使它更可能成真的条件。考虑到这一点，该如何看待关系的吸引力法则呢？这样的东西存在吗？如果存在的话，它是如何运作的呢？

与其照着公式来吸引那个对的人走进我们的生活 (这已成为许多自助书籍的主题)，我打算在本章和下一章介绍一些促使我们选择我们所选之人的潜在因素。在许多情况下，我们发现自己是被这些人强行吸引过去的。考虑到影响我们选择伴侣的因素多种多样，“吸引力法典”(laws of attraction) 可能是一个更恰当的术语。

我们已经了解吸引力的生物化学方面的特点。当大脑化学物
122 质被释放到我们的生理系统之中，吸引力便开始奏效，而后，我们体验到那种占据我们全部心神的兴奋感。当我们遇见一个特别的人或坠入爱河时，这种兴奋感会接手吸引力的工作。纯粹的肉体或性吸引力当然是这个游戏中的另一位重要选手，而且实力强劲。事实上，那些对浪漫爱情持愤世嫉俗观点的人认为，强烈的性欲就是我们所知的一见钟情的基础，纯粹又简单。

被基因的诡计蒙蔽

在性欲那有催眠作用的吸引力之下，一些更为强大的东西正在酝酿。在拥挤的房间里，当我们因某人而产生“哇！”的感觉时，交配和繁衍的生理冲动正在发挥作用。在《少有人走的路》中，斯科特·派克说：“坠入爱河不过是我们基因的诡计，它们通过愚弄我们原本非常敏锐的思维，将我们蒙蔽或诱骗进婚姻之中。”

其他的关系驱力包括文化压力，以及来自媒体的影响。这些驱力微妙地（或不那么微妙地）诱导我们作出我们所作出的关系选择。

然而，鉴于本书的初衷，我将更深入地探究吸引力的心理层面，尤其是父母在我们的“爱情地图”(love maps) 的创建过程中扮演的角色。爱情地图是预设的标准，我们通过这些标准来选择自己的伴侣。这些标准建立在一系列生理、文化和心理因素之上，决定我们独特的道路。

通过心理雷达连接 123

亨利·迪克斯 (Henry Dicks) 是一位精神分析学家，20 世纪 50 年代，他在伦敦塔维斯托克诊所 (Tavistock Clinic in London) 贡献了夫妻治疗领域的开创性工作，并因此成名。他强调，伴侣选择过程涉及三个主要因素。

大众因素 (public aspects)，包括社会压力，如阶级、宗教和金钱，还有族裔和教育。

意识层面的期待 (conscious expectations)，包括价值观和态度、共同的兴趣和外貌。

潜意识的吸引力 (unconscious attractions)，构成两人之间即刻的“化学反应”的基础。

这些爱情地图最大的矛盾在于，虽然它们是个性化的，但我们的爱情地图与强烈吸引着我们的那个人的爱情地图常常有一个主要的重叠区域，也就是我们的家庭背景。简言之，我们孩童时期的成长经历，尤其是父母对待我们的方式，给了我们一个独特的心理模板，它就像磁铁，能把那些与我们有相似背景的人吸引过来。

例如，如果一个人的成长环境充满批评和指责，不断地被贬低，成年后就易成为一个缺乏自尊的、焦虑的且没有安全感的人，一旦被背景相似的潜在伴侣的心理“雷达”捕捉到，两人会
124 感到被彼此深深吸引。这种吸引建立在一种本能了解的基础之上，而这种了解并不在他们的意识觉知之内。这种“知而不晓”（knowing without knowing）是迪克斯所说的第三类因素——潜意识的吸引力的基础，而潜意识的吸引力就是我们被与自己背景相似的人吸引的原因。

潜意识的力量

作为精神分析的基础，潜意识的力量绝对不应该被低估。冰山比喻经常被用来说明这一点：水面之上的尖端部分代表意识，而水面之下的巨大冰块代表潜意识，潜意识比意识重得多。

除了储存我们经历的所有事情的记忆和作为我们情绪的控制中心，潜意识能让我们在执行某些任务时以自动运行状态工作，

以开车为例，这需要调动三十种不同的技能。潜意识还控制着维持生命所必需的身体功能，包括心率、血压、消化、内分泌系统和神经系统。

神经科学家已证明，靠意识支持的认知（意识）活动只占大脑一天的总活动的 5%，甚至更少。因此，我们的大多数决策、动作、情绪和行为依靠的是大脑活动剩余 95% 的部分，而这些活动远远超出我们的意识觉知。也就是说，我们日常的生活方式的 95% 甚至更多由潜意识中的程序控制。

为了给这些统计数据一个更专业的解读，医学和生物学领域 125
的先驱人物布鲁斯·利普顿（Bruce Lipton）曾指出，潜意识每秒运行 4000 万比特的数据，而意识每秒只处理 40 比特的数据！

绝不仅仅是人群中的一张脸

潜意识的吸引力的研究在伦敦家庭治疗研究所（Institute of Family Therapy in London）是重中之重。家庭治疗师罗宾·斯凯纳（Robin Skynner）在《如何渡过家庭危机》(*Families and How to Survive Them*）一书中强调了这一点。该书由斯凯纳和喜剧演员约翰·克利斯（John Cleese）合著，后者因担任电视剧《弗尔蒂旅馆》(*Fawlty Towers*）的编剧以及英国六人喜剧团体“巨蟒剧团”（Monty Python）的成员而成名。

在该研究所培训期间，斯凯纳要求学生参与一种起源于美国的名为“家庭系统练习”（family systems exercise）的活动。这个练习是为说明关系双方在从未谋面且对对方没有任何事先了解的情况下，在浩瀚人群中特别选中彼此的根本原因而设计。

这个练习包括以下步骤：对学员进行分组，然后要求他们从小组成员中挑选一个人，一个让他们想起自己某位家庭成员的人，或者一个让他们感觉可以填补自己家庭中某个空缺的人。挑选过程中不允许交谈。学员只能四处走动，凭借视觉观察小组中的其他成员。

作出选择后，他们可以讨论是什么促使他们选择对方。紧接着，要求这对学员选择另一对组成一个四人各司其职的“家庭”。
126 然后进行讨论，是什么促使他们作出这个决定。最后回到分组前的状态，所有人一起讨论自己在这个过程中发现了什么。

这个练习的特别之处在于，他们选择的三个人总是来自与他们自己的家庭有相似运作模式的家庭。例如，他们自己的家庭可能有一对缺席的父母，或一对虐待孩子的、挑剔的父母；或者他们自己的家庭中有一些关于表达情绪、表现爱意或行为规范的不成文的规定；再或者他们可能遭受过一次或多次重大丧失事件，被迫应对一个或多个重大的生活变化。

试一试

- 列出你现在或以前的伴侣吸引你的地方。
- 试着按迪克斯使用的三种类型把它们进行分类。迪克斯提到的三种类型你可以在第 123 页找到。
- 如果你觉得很难想出潜意识的吸引力（这很正常），试着想一下你们两人在家庭背景上的相似之处。
- 看看所有这些因素，你是否同意你之所以选择你的伴侣是因为他/她符合你的“爱情地图”的要求？

克利斯在《如何渡过家庭危机》一书中扮演的角色是从 127
门外汉的角度质疑心理学原理。他向斯凯纳提出关于“壁花”（wallflowers）的问题，也就是那些没能被选中的人，以及事实上，这些人似乎成为异常人群。然而，斯凯纳说，“壁花”实际上使争论得到彻底解决。因为事实证明，在他的监督下参与这项练习的第一批由 20 名实习心理咨询师组成的团体中，小组内最终组成家庭的成员曾经被寄养，或是被收养，还有些是在儿童之家长大，因此他们从很小的时候就一直感到被排斥。

潜意识的吸引力的观点对那些没有经历过这类吸引力的人来说，或许难以接受，但正如已经解释过的，潜意识的力量相当神秘。此外，从广义上来说，潜意识的吸引力并不局限于家庭背景。出于各种原因，我们也会被那些让我们想起父母的人吸引。

童年的爱情重演

被称为“移情”的心理过程，是潜意识的吸引力的另一个主要成分，这个概念是弗洛伊德的开创性发现。弗洛伊德注意到，他的几位年轻的女性来访者似乎爱上了他，但他足够敏锐，意识
128 到这种吸引力不是基于他的个人魅力，而是来访者退行到童年时期的一种表现，那时，“父亲”是她们第一个爱的对象。

弗洛伊德意识到，在目前的形势下，这种“爱”被转移到他身上，尽管目前是一个专业的治疗情境。弗洛伊德后来声称，所有的爱都是移情的结果。这是一个很有趣的观点，如果我们将移情放在日常生活的情境下看，我们就会相信它。

移情会出现在我们日常生活的众多情境之中。的确，有人说过，我们从来没有看清过人们的真实面貌。权威人物是这种扭曲的常见诱因。例如，当我们约见医生或教师，又或必须出庭面见法官，这些权威人物可能会让我们想起对我们要求严格、与我们关系

疏远的父母，因此我们也会以同样的方式回应他们。

强迫性重复

有时候，我们选择伴侣的原因在于，我们与父母之间存在需要解决的“未竟之事”。例如，如果一个女孩的父亲对她漠不关心，毫无疼爱，她可能会下意识地选择一个让自己想到父亲的伴侣，试图让他以父亲从未做到过的方式爱她。

如果移情打着未竟之事的幌子出现，尝试拨乱反正，会导致无效寻找和旧况复现的无休止的循环。弗洛伊德用“强迫性重复”（repetition compulsion）来描述人类的这种重复熟悉情境的 129
倾向，即使这种情境是有害的。

成瘾者的后代是典型的例子，他们最后往往依然选择与成瘾者在一起，而且经常辗转于一个又一个成瘾者的怀抱。摆脱自我毁灭的循环似乎是不可能的，因为从某种意义上说，转移到一段更健康的关系类型之中或许是吸引人的，但它代表的是一个陌生的领域，因此相当可怕。

以早期母爱为模板

现在人们普遍接受，我们成年后关系的模板，无论是在性的方面还是在爱的方面，早在婴儿早期就已形成，甚至据称，在子宫里就已形成。这一过程发生在我们早期与母亲之间的感官交流之中，特别是母乳喂养的经历，还会在与父母互动的各个不同阶段得到持续并放大。

科学家发现，使婴儿与其父母产生联结的生物化学和神经信号，与我们遇见未来伴侣时激活的信号相同。研究还表明，天真的恋人凝视着彼此的时候，正在重现母亲与婴儿联结在一起时的景象，心理学家称之为“眼神之恋”（eye love）。

孩子将异性父母（opposite sex parent）视为“爱的对象”
130 （love object）很正常，这不仅仅是因为父母从心理和生理上养育了他们（即使是在被忽视或虐待的情况下，仍可以产生一种变态的爱），还因为父母是第一个让他们体验到成人的“男子气概”或“女性气质”的人——“他高大、强壮，他会保护我”，或者“她甜美、柔和，还给我滋养”。这种体验部分相当于感受到性吸引力，虽然在绝大多数情况下，这种吸引力可以保持在“安全”的尺度内，不会被付诸行动。

吸引力脸谱

对那些仍然不相信这种潜意识的父母的吸引力的愤世嫉俗者

来说，有科学证据支持这一观点，即字面意义上的“表现在脸上”。戴维·佩雷特（David Perrett）是苏格兰圣安德鲁斯大学（University of St Andrews in Scotland）的精神病学专家，他研究了那些使人们的脸对我们产生吸引力的原因。

佩雷特使用一种特殊的计算机变形系统拍摄学生的脸，并将这些照片转换为异性，然后要求被试从一系列不同的照片中选择最吸引人的面孔。在呈现给他们的所有面孔中，被试总会选择自己经处理而来的那张，尽管他们不知道那其实是他们自己的面孔伪装的。

佩雷特总结说，人们之所以觉得自己的（变形的）脸很有吸引力，是因为它们让我们想起小时候经常注视的面孔——那些异性父母的脸。这有助于解释为什么当我们被某人强烈吸引时，我们常常会觉得与他们早已相识，尽管两人素未谋面。因此，也就 131
不难理解，为什么处于关系初期的恋人会经常说：“我觉得我已经认识你一辈子了”。

案例研究

杰夫（Jeff）来寻求我的帮助时，已经历两次失败的婚姻，并与一位叫“玛吉”（Maggie）的女性深入交往三年。杰夫长相英俊，智力甚高。

他在一家独立电视制作公司担任首席执行官。起初，他给人留下的印象是一个自信的实干家，他在商业上的成功很大程度上要归功于他的干劲和天生的领导能力（在踏足商业领域之前，他曾担任过陆军上尉）。

很快，我们就发现，杰夫的商业形象没能被复制到他的家庭生活。他完全听命于玛吉，而玛吉经常提出无理的、咄咄逼人的要求，生活上和感情上都是如此。不论什么时候，他总是以牺牲自己的需求为代价，想方设法、不顾一切地满足她的需求。

杰夫告诉我，他感到虚弱无力，觉得自己很可悲，同时非常沮丧，因为他无法阻止自己屈服于玛吉的欺凌，因而认为自己“不是一个男人”。他想离开，但害怕再次“搞砸”另一段关系，让自己在55岁的年纪重新陷入孤独和空虚的单身生活。

132 当我们一起回顾杰夫的婚姻，事实证明，尽管表现方式有所不同，他的两任前妻都对他要求极高且充满敌意。很快我得知，她们和玛吉非常像他那爱挑剔、盛气凌人的父亲，他对杰夫学业和体育上的要求如此之高，以至于杰夫从来都是不够好。

杰夫潜意识地选择了父亲的“复制品”，因为这种情况对他来说再熟悉不过，以至于有悖常理地，这样的关系才是他的舒适区。他试图取悦这些女性，就像回到小时候，试图赢得父亲的认可。

实用小贴士

• 在开始一段关系时，试着确定把你们吸引到一起的家庭背景是否有相似之处。

• 坦诚展现这些相似之处，并与你的伴侣一起讨论它们。

• 自问，从长远角度来看，你觉得这些相似之处会在你的关系中扮演何种角色。

• 想想你伴侣的性格。他/她有没有让你想起自己的父母？如果是的话，这种相似性是积极的吗？还是你有可能在寻求了结与父母的“未竟之事”。

重要知识点 133

当你开始一段新的关系时，花些时间去了解这块领域。你的“爱情地图”并不总能带你去到你想去的地方。

11. 相似相吸，相异相斥

除了我们之间的分歧，我和我的妻子不再有任何共同之处。

——奥斯卡·王尔德（Oscar Wilde）

生理、生物、心理的交融将一个人吸引到另一个人身边，使人类吸引力的运作方式成为生命的一大奥秘。吸引力之绳是如此错综复杂而又精细，以至于每一段关系都有其独特的故事情节。因此，也难怪无数书籍、电影和歌曲的灵感都来源于爱与欲望的悲欢和戏剧性。

在上一章中，我们研究了支撑吸引力的一些潜意识因素，特别是父母的影响和家庭状况。但是，这种相似的吸引力止于家庭背景吗？还是我们发现自己也被吸引到那些在其他方面与我们相似的人身边？

一个常见的误解

异性相吸。从表面上看，这个古老的谚语可以说包含一丝真理，但一般而言，是相似性——无论它们是明显的和已觉知的，还是隐藏的或潜意识的——构成两人之间吸引力的基础。

话虽如此，当我们遇到一个看起来与我们不同的人，而且这 136
种不同使我们兴奋并受到鼓舞，那么这里就有一种显而易见的吸引力的基础。例如，容我们假设说，卡伦（Karen）是一个缺乏自尊的文静而又谦逊的人。对她来说，遇见超级自信和外向的乔（Joe），可能是令人振奋和充满诱惑力的事，使她沉浸于对生活的积极和热情。

如果他们之间的差异是互补的，那么这种匹配的关系类型可以运转得很好。换句话说，人们有时会被一个未来伴侣吸引，因为他们在对方身上看到自己被压抑或“不被承认”的部分，所以他们选择那个人来补足自己的人格。

这可以是积极的，只要他们利用这种情况来认识和发展自己被压抑的一面，成为一个更加全面的、心理上达到平衡的人。然而，这种情况往往会成为一种替代性的生活方式（vicarious living），在这种生活方式下，伴侣被下意识地用来表达自己不能表达的东西，行自己不可行之事。

此外，由于伴侣身上具有的吸引他们的特质其实是他们自己身上被否认或轻视的特质，这有时便意味着，这些现在对他们有吸引力的特质长此以往会让他们觉得反感，甚至厌恶。因此，在与外向的乔生活了一段时间后，卡伦很可能会觉得乔的外向行为令人厌烦，甚至无法继续忍受下去。

137 当搞笑变成不成熟

美国加利福尼亚大学（University of California）的研究突出了这样一种情形，即在两个人彼此吸引的最初阶段被认为是积极的品质，最终可能会被视为消极的，甚至被轻视。300 名学生参与了这项研究，他们被要求专注于自己最近一段已经结束的恋情。

研究者要求学生对这个人身上最具吸引力的特质与最不具吸引力的特质进行评分。那些最可能受到赞美，但结果显示是最令人厌恶的品质是“令人兴奋的”“与众不同的”“容易相处的”。随着关系的深入，“自信的”变成“傲慢的”，“搞笑的”被认为是“不成熟的”，“常心血来潮的”变成“怪异的”。

甚至那些被普遍认为存在于成功关系中的特定性格特质，如“体贴的”，后来也在许多情况下被认为是“占有欲强”。最初看起来越强烈、越具吸引力的特质，越有可能成为恼怒的来源。此外，当一个人被描述为“独一无二”时，这一特质成为分手原因的可能性是其他特质的三倍。

为了让互补性契合能持续不断地奏效，往往必须保持差异的平衡。那么，回到前面的例子，让我们假设卡伦接受了心理咨询，变得更加自信和外向，这将成为关系的动力的重大改变。

乔可能会感觉受到卡伦新找回的自信的威胁，这可能会对他 138
们“舒适安逸”的共同生活产生重大影响。卡伦可能会开始更频繁地出去，开启新的事业。如果乔不能适应，这些变化可能会带来冲突，最终导致分手。

依恋类型的互补

从互补的角度来看，依恋类型（个人与母亲或首要照料者之间的联结方式）是差异可以发挥强大影响力的一个领域。一个人如果从来没有得到过适当的呵护——爱、关怀和关注意义上的呵护，并因此发展成一个缺乏自尊的、没有安全感的成年人，这类人就会被描述为拥有不安全型依恋。

这些缺乏情绪照顾的人认为这个世界不安全，充满威胁。在选择伴侣的时候，他们往往会选择一个拥有安全型依恋的人，他们认为这个人会照顾他们，保护他们远离严酷的现实生活。从理论上讲，如果安全型依恋的个体能够“回收利用”他们小时候得到的爱和关怀，那么这是有可能实现的。然而，不安全型依恋的个体常常心怀恐惧，担心伴侣会离开他们，而这种担心又可能会通过自证预言成为现实，也就是他们会潜意识地以一种驱使伴侣离开的方式行事。

139 **试一试**

• 回想一下你最近一段已经结束的关系。列出你第一次见到那个人时，他/她身上最具吸引力和最不具吸引力的性格特质。

• 按1—10的尺度为这些特质打分，其中10代表吸引力的最高水平。

• 现在重新按照分手时你的想法，为这些特质打分。

• 这些分数的差异向你传递了什么信息，你在关系中的需求是什么？

这才是真正的“搅局者”，解释了为什么“异性相吸”应该被修正为“相似相吸”(like attracts like)。人格上明显的分歧往往不是分歧。事实上，这对情侣在内心深处很可能是相似的。我们都以不同的方式应对自己的焦虑和神经质。因此，在刚才的例子中，乔外表上胸有成竹，但他可能是戴着自信的面具来掩饰自己的不足和不安全感。

两性关系专家，《磁性伴侣》（*Magnetic Partners*）一书的作者斯蒂芬·贝辰（Stephen Betchen）说，看起来截然相反的一对情侣，通常是有着相同“主要冲突”（master conflict）的人。他说的“主要冲突”是指他们内心最深处的恐惧或心理斗争地带，如缺乏自尊或在表达情绪方面有困难。

寻找与自己有相同冲突的孪生兄弟 140

在一份支持斯凯纳在伦敦家庭治疗研究所进行的潜意识选择练习的声明中，贝辰更进一步，声称如果他把某人放进一个有100人的房间，他们还是会选择那个与自己有着相同的潜在冲突的人。

贝辰说，我们会潜意识地选择“与自己有相同冲突的孪生兄弟”，因为改变很难，人们更喜欢保持不变，避免变化带来的痛苦。通过选择在更深层次上与我们相似的人，伴侣可以互相监督，并确保彼此保持不变。“我们不会也不能选择自己的对立面，”他说，“我们的潜意识不允许这样做。”

明显的或“有意识”的相似性显然在吸引力方面发挥了一定

作用，如共同的价值观、宗教信仰、文化背景，甚至爱好等，都在关系驱力清单中名列前茅。这是相似性背后隐藏的“镜像”因素在起作用，因为研究表明，人们明显倾向于与他们认为和自己相似的人建立关系。

一项近 1000 名 18—24 岁的纽约居民参与的研究，要求被试对自己的长期伴侣的 10 个特质的重要性进行评分，然后再以同样的计分方式为自己打分。结果显示，他们更有可能选择个性特
141 质与自己相似的伴侣，而对立面的吸引力和生殖潜能的吸引力相对而言没有那么重要。

案例研究

卡尔（Carl）和西沃恩（Siobhan）的关系已走到尽头。西沃恩前来就诊，似乎是在装模作样地尝试找点修补他们之间关系的办法。

他们已经结婚七年，在过去一年左右的时间里继续待在一起，纯粹是为了两个年幼的孩子——4 岁的埃米（Amy）和 2 岁的托马斯（Thomas）。

冲突的主要根源似乎围绕着卡尔一连串的不忠行为，尽管他们在其他几个重要问题上也存在巨大分歧。西沃恩发现了卡尔与

一位女同事的婚外情，随后卡尔又承认了好几次外遇。

在我们早期的治疗中，西沃恩在很大程度上扮演着受害者的角色，采取“他怎么能这样对我？”的态度，同时强调她对卡尔的忠诚，并把自己描绘成一个从来不看其他男人一眼的人。某个人过分夸大自己的某一特点时，往往代表着他/她在掩盖一种完全相反的性格特质。换句话说，就是一种他们为之羞愧的更为黑暗的个人品质。“反向形成”（reaction formation）这个术语就是用来描述这种潜意识的否认机制的心理学标签。

随着治疗的继续，西沃恩对我越来越信任，也更加愿意敞开
自己的心扉。她透露说，在认识卡尔前，她谈过至少二十段恋 142
爱。大多数都很短暂，而且在结婚之前，她从未真正忠于过某个男人。她还承认，她很早就开始觉得自己身陷婚姻的牢笼，而且对一个邻居产生了性幻想，那个邻居明显对她有兴趣。

虽然没有意识到这一点，但西沃恩选择卡尔是因为他与她有相同的“主要冲突”——对亲密和承诺的恐惧。不幸的是，冲突造成的创伤太深，他们最终还是分开了。然而，西沃恩至少深入了解了驱使她选择某个长期伴侣的潜意识过程，而且找到了自己对承诺的恐惧的根源，并能着手处理它。

伴侣选择的过滤器模型

艾伦·克尔克霍夫（Alan Kerckhoff）和基思·戴维斯（Keith Davis）提出了关系的过滤器模型。据两位研究者的观点，将人们吸引到一起的因素要经历几个阶段，并在这个过程中被逐步“滤除”（filtered out）。克尔克霍夫和戴维斯的研究历时 7 个月之久，他们对比了在一起不到 18 个月和在一起超过 18 个月的情侣。

过滤器模型的基础是潜在伴侣，即所谓的“可得人选”（field
143 of availables）被缩小为“可取人选”（field of desirables）的过程。我们正是从第二组中选择了那个与我们建立关系的人。这个过程包括三个阶段或三个过滤器。

第一个过滤器包括社会学和人口统计学变量，这些变量决定两人最初相遇的可能性。这就产生了一大批可得人选，而这些人选的范围，反过来又被他们共同拥有的“预先设定”的因素缩小，如种族、宗教信仰、社会阶层和受教育水平。在这个阶段，个人特质不起作用。

第二个过滤器涉及共同的态度、价值观、兴趣和信念。这可以被描述为“心理相容性”（psychological compatibility），尽管它没有把潜意识的动机考虑进去。研究人员发现，短期关系变得更长久的可能性在很大程度上取决于共同的信念。

第三个过滤器关涉互补的情感需求。如果关系双方有着非常不一样的情感需求，这对关系的长久性来说并不是个好兆头。尽管，正如我们在关于沟通的那一章中看到的，如果关系双方能诚实、不作任何判断地传达他们的不同需求，妥协有时可以达成。

通往新身份的大门

正如前文所述，吸引力是多层次的。但如果我们从更人性化的角度来审视吸引力的心理学，驱动人们进入一段关系并贯穿始
终的希望和目标会是什么？放弃单身生活，拥有伴侣，人们希望 144
从中得到什么？

线索就在“拥有伴侣”这几个字里。人们借此创造自己的私人世界，一个超越正常生活，使他们与生活的严酷现实隔离开的世界。也许这是一个不切实际的梦想，却是一个非常普遍、可以理解的梦想，尽管在第 2 章中提到的寻找某人使我们“完整”或“治愈”我们的危险性应当始终铭记于心。

除了追求摆脱日常生活的平凡，人们还寻求超越自我。身处一段充满爱的令人满足的关系之中，我们会觉得自己很特别，还

能体验到作为一个人被肯定和重视的感觉。我们甚至会感到“重生”，因为我们认为自己拥有了一个新身份。正因如此，我们常常感到有能力以新的、更大胆的方式行动，向新的方向扩展，迎接新的挑战。

进入一段具有长期潜力的关系，还会被看作一段令人振奋的旅程的开始。有一个体贴的、富有同理心的伴侣同行，一起分享生活赐予我们的诸多纷繁各异的体验——欢乐与伤心、激情与痛苦。一起经历这一切，意味着你们可以加深对彼此的理解，共同成长，而且有希望一起变老。

145

神圣的意外

再重复一遍，依靠他人来满足自己所有需求的危险性，怎么强调都不为过。不过，让我们从积极的角度来结束本章的内容。小说家休·沃波尔爵士（Sir Hugh Walpole）的这段话概括了普遍的心声：

> 生活中最美妙的事情就是遇见另一个人，随着岁月的流逝，你们的关系越来越深，美好和快乐常驻。两个人之间的爱的内在进步是最奇妙的事情，四顾寻找或热切祈求都不能

使它现身。这是一种神圣的意外，是生命中最美妙的事情。

实用小贴士

• 在考虑一段长期关系时，专注于那些与你在重大人生问题上持有相同信念和态度的人。

• 避免过度强调新伴侣身上那个对你特别有吸引力的人格特质。

• 记住，看上去和你很不一样的人，可能与你在内心深处是一样的。

重要知识点

忘掉“异性相吸”吧。两个异名磁极是相互吸引的，但两个没有相似性的人不可能长久在一起。

147

12. 了解自己，了解你

生活中没有比被人理解更为亲密的事了。理解别人也一样。

——布拉德·梅尔策(Brad Meltzer)

如果你找一群具有代表性的人，让他们说出一段成功关系的主要因素，则有理由认为，“亲密”在大多数人的清单上都名列前茅。然而，说到“亲密”一词时，我们到底指的是什么？对我们中的许多人来说，亲密是我们追求的一个略为模糊的理想，但由于种种原因，它似乎常常在躲避我们。

或许有上千种对亲密的不同定义，其中大部分涉及开放、诚实、脆弱等品质，以及为与伴侣在情感上变得更加亲近而与之分享我们内心最深处的恐惧、欲望和其他情感的意愿（性亲密的问题将在下一章讨论）。

亲密有时被描述为把自己完全交出去，或允许他人看到自己真实的样子，从而在一个彼此透明的过程中被他人充分了解。哈丽雅特·勒纳（Harriet Lerner）博士在她的《亲密之舞》(*The*

Dance of Intimacy）一书中，将亲密的关系概括为“任何一方都不沉默、牺牲或背叛自我，双方都以一种平衡的方式表达力量与 148 脆弱、劣势与优势”。

那么，我们如何做才能达到这种相互分享、彼此关怀和亲近的理想状态呢？正如我在本书前面强调的，关系中的一切都以沟通为起点。沟通的次数越频繁、越诚实、越富有同理心，越能有效地增进亲密。

这个过程的一个重要部分是以非评判性的方式倾听他人的意见，充分和公正地聆听对方诉说的一切，如有必要，在相互尊重的基础上做到求同存异。为表示尊重，我们也可以用“接纳”这个词，即承认这样一个事实：尽管伴侣的观点、个人特质和行为可能与我们不同，但正是它们造就了伴侣现在的样子。

剥洋葱

我们生活在这样一个时代：维持一种冷静、可控和“努力坚持”的表象，哪怕不被视作一种必要的存在状态，也会被视作一种理想的存在状态。尽管通过心理治疗、心理咨询、宗教与精神生活和其他途径，人们在自我反省和更开明的人际关系方面取得了很大进展，但让自己变得脆弱、展示自己更软弱更柔软的一面，对许多人来说仍是不可想象的，至少在西方社会依旧如此。

这便引出我迄今尚未提及的一个至关重要的成分——勇气
149 （courage），而这正是亲密的主要障碍所在。剥去我们这颗“洋葱”的层层外皮，会让我们感觉好像在情感上被扒得一丝不挂，这太令人恐惧，以至于我们根本不敢去想。这种潜在的恐惧通常由这样一种信念驱动：如果我们袒露自己，对自己的缺点毫无掩饰，我们就会被认为是有缺陷的、不值得尊重的或在某种程度上不够好，而且会因此遭到排斥。

比尔·海波斯（Bill Hybels）曾说：“要使（婚姻）关系茁壮成长，必须有亲密感。告诉配偶，‘这就是我。我并不为此感到自豪——事实上，我因此有些难为情——但这就是我’，需要极大的勇气。”

正如前文提到的，对伴侣保留某些想法或感觉并不一定是件坏事，但如果隐瞒涉及会对关系产生直接影响或对关系具有潜在影响的问题，就必须以某种方式将它们公之于众。如果不把这些事情说出来，这些消极的感受只会变得更糟，因为它们潜伏在你的内心深处，就像情绪上的癌症，还可能导致内疚、怨恨、挫败感和更广泛的消极情绪的积聚。

亲密的一次实际操练

纳撒尼尔·布兰登（Nathaniel Branden）博士是在自尊和个人成长领域备受尊敬的人物，也是《罗曼蒂克心理学》(*The Psychology of Romantic Love*）的作者。他运用一项引人入胜的练习，让那些关系停滞不前甚至分居两地的夫妻重归于好。这对夫 150
妻必须承诺在同一间房里单独待上12个小时，那里没有任何会让他们分心的事，如孩子、书、电视和电话。

在最初的尴尬阶段之后，烦躁和愤怒往往溢出，怨恨、不满和未愈合的伤口也会暴露出来。随之而来的是一个更温和、更加有意和解的阶段，在这一阶段中，双方会分享更深层次的感受，暴露自己的脆弱，吐露过去禁止涉足的秘密憧憬和梦想。这通常会反过来让两人建立一种新的亲密感，因为他们发现并接纳了对方真实的样子。对某些夫妻来说，他们会意识到他们的关系已经走到尽头，因此同意分开。

试一试

- 试着回想你曾对现任或前任伴侣隐瞒的所有事情。
- 把这些事情分成两类：一类是情况合适时你愿意透露的事

情；一类是在任何情况下你都不会透露的事情。

• 如果你的伴侣承诺会以同情的态度倾听，而且不作任何形式的批评或判断，那么“禁区清单”中的条目有哪些是你可能会考虑透露的呢?

151 • 如果伴侣承诺向你透露一些他们的“禁区清单”，这会鼓励你也这样做吗?

缺乏自尊是人们畏惧亲密的一个主要原因。如果某人内心深处怀有根深蒂固的恐惧，害怕自己不够好或能力有某种程度的不足，害怕自己被认为没有吸引力或无趣，他们会拼命掩饰自己“不可接受的”那一面，使得别人永远无法察觉到它。这意味着，他们绝对不会允许任何人与自己的距离近到足以看清那些他们自以为的缺点或弱点。

亲密是他们想都不敢想的事情，因为亲密意味着开放和袒露，而这正是严重缺乏自尊的人最害怕的事情。恐惧亲密并不会阻止这些人与他人建立关系，但他们几乎总是试图以某种方式与他们的伴侣保持距离。他们还常常与那些同样害怕被人看到自己的真实模样、被人完全了解的人建立一种“互补”的伴侣关系。

具有讽刺意味的是，缺乏自尊的人往往会强迫性地寻求关系，试图获得他们需要的正面肯定，以便让自己感觉“还不错”。然而，他们进入一段关系后经常会卷入一种有时也被称为“橡皮筋综合征”（elastic band syndrome）的现象。

橡皮筋综合征发生在他们有意识地试图与他人变得更亲密却 152
发现怎么也做不到的情况。由于他们潜意识中对亲密关系的恐惧在他们的意识之外设置了议程，当他们到达临界点，发现自己再也无法忍受不断拉近的距离时，就会“消失”（ping off），重返自己的私人空间，在那里，他们可以苟延残喘。

恐惧是亲密的敌人

正如第 7 章中对自尊更详细的介绍，严重缺乏自尊的人往往会形成自证预言。他们在这种预言中潜意识地“设置”自己恐惧的情境。举个例子，一个在内心深处相信自己没有吸引力的人，不管他们的伴侣告诉他们什么，他们都会有一种压倒一切的恐惧，担心伴侣会因一个更有魅力的人而离开自己。

受这种恐惧的啃噬，他们会以一种可能把伴侣从自己身边赶走或使伴侣投入他人怀抱的方式行事。这个结果会以各种各样的方式实现，这个过程可能会涉及诸如不断对伴侣吹毛求疵，使他们再也无法忍受这段关系，或者在情感上和 / 或性上有所保留，迫使伴侣到其他地方寻求满足等。

除了恐惧被视为软弱或能力有某种程度的不足，人们害怕亲密并潜意识地避开它，还有其他根深蒂固的心理原因。这种恐惧
153 可以表现为无法给他人承诺。这往往与早期经历有关，常常是因为有一个对他们过分关注或过度干涉的母亲，一位被看作情感上具有压倒性特点的母亲，也就是典型的“窒息母亲”(smother mother)。父亲同样可以引发这些负面情绪。

丧失经历，即失去至亲，失去伴侣，或失去其他象征着某种形式的稳定性和亲密度的个人经历，是造成一个人逃避承诺和亲密的另一个主要原因。个体遭遇一连串的丧失经历时，往往会变成“承诺恐惧症患者”(commitment phobics)，愈加逃避亲近和亲密，因为他们的人生脚本告诉他们，这些亲近和亲密注定会戛然而止或以悲剧收场。

在成人的爱情关系中，这种恐惧态度的一个主要特征是倾向于“在被甩之前先甩掉对方”。换句话说，一旦自己疑似有被甩的迹象，就马上主动结束关系。对那些经历过由另一方提出分手的人来说，这常常是一个潜意识的安全阀，因为它避免了再次被伤害。

案例研究

在我的来访者尚塔尔（Chantal）的关系困境中，“我先甩了你”的情节（“dump first” scenario）显得尤为突出。她是一位有法国血统的充满魅力的女性，她成年后的生活不时被一系列短暂的关系打断。尚塔尔的父亲在她四岁时离开，她的母亲也在她八岁时去世。她被姑姑抚养长大，但在她十五岁的时候，姑姑也突然去世。此 154
外，她的第一个“正经”男朋友是她十八岁时在大学里认识的，当她正慢慢对他产生情感依赖的时候，他因为另一个人离开了她。

这一连串的丧失经历显然是尚塔尔不想与任何人变得亲近的原因。但是，尽管我尽了一切努力，她仍然拒绝坦白究竟发生了什么事情。也就是说，她总是那个结束一段羽翼未丰的关系的人。一旦她的伴侣开始有迹象想把他们的关系带至更深、更坚定的层次，她就会提出分手。她总是把分手归咎于对方的所作所为。

我们的治疗在进行了大约六个月后终于有了突破。那天尚塔尔走进治疗室，看上去格外焦虑，并告诉我她想立即结束治疗。当我问她为什么决定结束治疗时，她说是因为资金紧张，我知道这不可能是真的，因为她在电视台担任主管，薪水非常可观。

那次的治疗进行到一半时，她变得明显焦躁不安，还问我是否介意她早点离开。我猛然意识到，尚塔尔突如其来的要终止治疗的决定，是她表现出最大的恐惧的又一个例子。我们之间的关系虽然是专业性质的，但随着时间的推移，这段关系从本质上看变得越来越亲近和亲密，因此她决定在我还没来得及与她断绝关系之前先下手为强。

155 当我把这个猜测放在尚塔尔面前时，她变得极度情绪化。她最终承认，她害怕与我变得太过亲近，还有，她觉得自己唯一的选择就是在我找到结束治疗的理由之前率先提出结束治疗。这一事件后来被证明具有变革性。尚塔尔能够开始着手处理她根深蒂固的恐惧，而且，通过允许自己继续接受我的治疗，她能够看到，她的人生脚本是可以被改写的。她也明白了，与某人亲近起来并不一定意味着会被对方抛弃。

通往亲密的条条大道

勒纳博士着重强调了她认为的，两性之间谈及增进关系的亲密度时的一个重要差异。前文已给出她对亲密关系的总结。她写道："男性常对如何成为关系的专家感到不知所措，尽管他们的焦虑可能被戴上漠不关心或兴趣寥寥的面具。"

"在许多男性的成长过程中，父亲在情感或身体上的缺位非常明显，母亲则无所不在，作为男性，他们被教育要摒弃女性的品质和特征……当事情变得复杂时，男性倾向于疏远自己的伴侣（或干脆找个新的），而不是坚持下去，为改变而努力。”

关于男性与女性获取亲密和处理冲突的方式存在差异的说 156
法，有一定的道理，但勒纳的观点同样是一种一概而论的说法，只会使那些关于男性和女性以及两者间“不可逾越的分歧”的刻板印象生生不息。如我所经历的，女性往往也会因缺位的父亲而遭受情感问题之苦。此外，显而易见的是，不只是男性有在事情变得复杂时寻求新伴侣的倾向。在英国，约 70% 的离婚由女性提出，这一数据在美国也得到体现。

在我看来，男性和女性都可以努力让真诚的、有意义的亲密感发生。而且，如果“两性之间获取亲密的方式存在差异”的观念在人们心中根深蒂固，它就会在人与人之间制造人为且不必要的障碍。无论哪种性别，要克服获得真正亲密关系的困难，唯一的方法就是沟通，以及理解和接纳伴侣身上“影响亲密的障碍”（barriers to intimacy）。

了解自己的重要性

然而，经常被忽视的事实是，理解和接纳自己与理解和接纳他人一样重要。如果你正在遭受过往经历留下的情感之苦，而且从未真正地尝试去治愈那些旧伤口——无论是通过心理治疗、心理咨询还是任何其他形式的有意义的自我反思——这无疑将影响你获得亲密的能力。

157 每当你进入一段新的关系，这个情感包袱都会如影随形，而且由于没有得到有效处理，它还将致使你与伴侣之间建立起防御性的障碍。例如，如果你有一个“敏感地带”，这个区域基于你早期的丧失或被排斥的经历构筑，而且你将这些经历深深隐藏了起来，那么你可能会始终过度警惕这些经历再次上演的迹象。或者，如果你的伴侣无意间触碰到这个话题，你可能会变得愤怒、缄默或生闷气。

因此，处在一段持续性的关系之中时，始终重要的是充分了解自己的弱点，以及关注它们什么时候变成开放的沟通的阻碍或冲突的根源。对某事的恐惧通常比事情本身更糟糕。努力克服这种恐惧并最终将其公之于众，是继续前进的唯一途径。

实用小贴士

- 记住，虽然亲密只是一个词语，但它肯定不是一维的。真正的亲密涵盖关系的许多方面和问题。
- 本章的标题“了解自己，了解你”，应该用作实现亲密关系的口号。

- 当你和伴侣都同意透露至少一个秘密的恐惧或焦虑时，将“诚实时间”这个因素纳入你每周的日程。

- 有意识地努力发现并承认自己的恐惧、焦虑和消极的感 158
受，并着手处理它们，在必要时寻求专业人员的帮助。

重要知识点

亲密并非从天而降。与许多成功恋爱关系的其他组成成分一样，需要持之以恒地对它做工作，而不是想当然。

13. 性的迷思

爱是答案，但是当你还在等待答案的时候，性会提出几个很好的问题。

——伍迪·艾伦（Woody Allen）

我把关于性的章节放在本书接近结尾的位置而不是开头，这似乎有点不可思议。这是一个深思熟虑的策略，旨在说明我们这个社会过于强调性以及对性快感的不懈追求，把它们当作一种娱乐“必备品”，以及成功的关系的先决条件。

由于电影、书籍、报纸和很多媒体的过分渲染与贬低，性在很大程度上失去了其特殊性、排他性，也在很大程度上失去了其原本的意义。性应该是两个人之间愉悦、快乐和亲密的源泉，是关系的天然强化剂。然而，对许多人来说，性功能和伴侣对自己性表现的评价已变得比彼此的享受和共同的经历更受重视。

我们现在谈论起某个人“床上功夫好”，就好像存在某种通用的标准，当我们“滚床单”的时候，都必须用这个标准来衡量自身。我们还说要过上“性生活”，就好像我们的那一部分不知怎地就与我们生命的其他部分尤其是与心理和情感的部分截然分开了，当然事实并非如此。正如人们常说的——也是经常被忽略 160
的——身体最主要的性敏感地带，是心灵。

另一个常见误解

弗洛伊德关于人类性行为的理论经常被曲解，尤其是他使用的“力比多”(libido) 这个术语。现在，这个词已被用来指代性冲动。弗洛伊德用力比多来表示一种精神能量，他最初认为这种能量仅仅附属于人的性本能。然而，后来他醒悟过来，认为力比多是一种精神或“心灵”能量，是人类更广泛的“生命能量”或“生命本能”的一部分。因此，“弗洛伊德将性看作所有人类活动的基础”这一流行观点合乎情理，但并不完全准确。

弗洛伊德继而提出，我们表达力比多的方式取决于我们已经达到的心理发展阶段。他还说，儿童通过经历一系列的性心理发展阶段 (psychosexual stages)，如口欲期 (oral stage)、肛门期 (anal stage) 和性器期 (phallic stage)，得以发展。在这些阶段，力比多集中在一个特定区域。如果成功度过前一阶段，儿童将会进入下一发展阶段，而这将使他们能够进入健康的成年状态。

不切实际的期望

毫无疑问，对性的过分强调通过引发不现实的期望而对关系
161 产生消极影响。人们已经习惯于认为“美好的性生活”是成功维持关系的一个重要组成部分。此外，越来越多的人相信，无论关系中还在发生什么事情，都绝对不能允许性和谐与性满足的标准被降低。

这些错误期待并非止步于此。我们已对好些关于性的“弥天大谎”信以为真，包括与伴侣发生性行为的最佳次数，以及女性发生性行为的时候应该达到的规定的高潮次数。对男性而言，最大的欺骗就是，他们必须是“超强者”，随时准备好、愿意并能够让伴侣感受到极致的性满足。

此外，还有一种认为同步高潮是性满足的理想高峰的迷思，这也给伴侣造成另一种压力，让他们去遵循难以企及的标准。性应该关乎亲密和愉悦，最重要的是关乎人性，而不是机械地完成任务，这就是为什么我认为我们应该对这些虚假信息持谨慎的态度。记住伍迪·艾伦的另一句名言：“我和妻子唯一一次同时达到性高潮，就是法官签署离婚文件的时候。”

这些“性能力迷思”不仅会让人误入歧途，还可能引发危

险。长期伴侣关系中两人之间的性行为根本不可能自始至终都保持在同一水平，会不可避免地出现高峰期和低谷期。这取决于各种因素，如：关系的一般状态；伴侣双方的个人情况，包括他们 162
的健康状况和情绪幸福感；重大生活事件，包括丧亲之痛、失业和孩子的出生；年岁增长带来的身体变化。

同样重要的是，要记住，每个人都是独一无二的，性需求或性欲望的水平也不一样，它们可以因时而变。人们并不会遵从某些通用的性模板，因此，接纳伴侣的性需求，而且不去期望他们的需求必然与你的需求相匹配是至关重要的。

妥协和理解是问题的实质，正如它们在关系的很多其他领域也是问题的实质。不能接受差异，不能找到弥合鸿沟的适当方式，只会导致怨恨和冲突。

性不是至关重要的因素

《建立持久的爱情》(*Building a Love That Lasts*)的作者查尔斯·施米茨（Charles Schmitz）和伊丽莎白·施米茨（Elizabeth Schmitz）的研究表明，在促成持久而和谐的关系的因素列表中，性的排名相对靠后。

研究者让夫妻按1—10分来评估性对其婚姻成败的重要性，

10 分为最高分。在时间跨度为 27 年的婚姻里，性的平均得分只有 6 分。两位研究者得出的结论是："没有哪段婚姻是因为这对夫妻拥有美好的性生活而被挽救或成功的！"

163 **试一试**

- 按 1—10 分的尺度来评估性在一段关系中有多重要。
- 在你现阶段的关系中，你会感到非行床第之事不可的无形压力吗？
- 你有没有觉得自己必须让床上功夫达到特定的标准，性才会是"高质量的"？
- 在你现阶段的关系中，维持"高质量的性"有多重要？

归根结底，性是影响关系成败的众多因素之一。然而，我们必须小心，不要重蹈歌手乔治男孩（Boy George）的覆辙。他曾说："我宁愿喝杯茶，也不愿行床第之事。"尽管这个经常让人感到极为愤怒和沮丧的由三字母组成的单词（sex）占据着过分重要的位置，但它其实名不副实，不过这并不妨碍它依旧是大多数关系中不可或缺的成分，还能丰富和充实关系。

我使用"大多数"这个词，是因为最后这句话有某些限定性条件。例如，一些夫妇，特别是那些相对年长的夫妇，认可柏拉图式或无性的关系。在这种情况下，无性的关系依旧能很好地继续。这里的关键是，他们已经就关系的“无性”形式达成一致。正如关系的其他组成成分——我也不为再次强调这一点而道歉——沟通是关键。

全是心理作用 164

在深入这一主题前，让我们首先看看这样一种观点：性应当定期发生，并始终保持高质量。如前所述，有一个重要因素被频繁地忽视或置之不理：性更多的是关乎发生在两耳之间的事情，而不是双腿之间的事情。

性是一种基本冲动和需要，不仅仅是为了生孩子，它还能给人带来多个层面的愉悦。性也是一种两人之间建立亲密和联结的方式。然而，要有想行床笫之事的感觉，一个人必须在精神和身体上都作好准备。而如果他 / 她不在合适的精神状态中（这种情况的发生有各种各样的原因），生理层面的性功能会因此大打折扣，甚至彻底罢工。

举个例子，如果一个男人下班回家，处于想要行床笫之事的精神状态，试图甜言蜜语一番，哄妻子上床睡觉。如果妻子的反应不是特别热情，他不应该感到惊讶或失望，因为她才结束艰难的一天，在两个年幼的孩子和一大堆不令人兴奋的家务活之间周旋（尽管失去性欲有时可能象征着一个未被讨论的更深层次的问题）。或者，如果一个女人想行床笫之事，而她的伴侣在压力下工作了一天，她就不该指望在卧室里看到激情火花。

165 当性成为另一种压力

从更长远的角度来看，一个沮丧的或心力交瘁的，又或因某种原因极度不快乐的人，很可能会把性看作另一种压力，而不是必需品，甚至可能完全失去性冲动。此时，有意义沟通就变得极其重要。

当伴侣不想行床笫之事时，人们往往会感到被拒绝。如果伴侣对性完全失去兴趣，这就会成为一个严重的问题。不谈论性只会增加怨恨和消极的想法，甚至可能导致对伴侣出轨的怀疑。

夫妻间的争吵通常是性生活的“杀手”。然而，有些夫妻把斗争作为一种使他们的关系重新焕发活力的方式，对他们来说，激烈的争吵往往是激情性爱的前兆。

在当今高速运转的世界，为性挤出时间常常很困难，因而它在默认情况下经常被忽视。再次强调，如果你觉得你们的性生活并不是你希望的那样，那么与你的伴侣谈谈是极为重要的。

尽管我们对性的态度变得更加开放和“开明”，但在某种程度上，它仍然是一大禁忌。人们害怕谈论与性有关的担忧或困扰，因为他们害怕在某种程度上被认为是无能的或有缺陷的。而我们从自己周围得到的信息告诉我们，我们的房事必须达到 166
标准。

性生活和谐时，性是美好的，但如果人们觉得自己在性方面表现不佳，性就会给他们带来巨大的压力，这一说法对男性和女性来说都适用。如果可以诚实而坦率地谈论性，不作任何评判或不带有攻击或批评的感觉，性可以是创造真正的亲密和亲近的最佳方式之一。

性作为一种沟通方式

尽管伴侣之间关于性的沟通不可或缺，但不要忘记，性本身就是一种沟通方式。行床笫之事的时候，我们正在追求身体的愉悦和释放，但我们也在寻求联结、爱和自我超越（transcendence），我们在表达真正的自己。

人之本性最强大、动机最强烈的一个方面是，人们迫切需要被了解、被接受，让他们觉得自己很特别，并通过这些肯定来爱自己。行床笫之事是一种表达“理解我”“喜欢我”“爱我”的方式。即使是在最短暂的性接触中，也总会有某种心理需要或渴望的成分隐藏在生理欲望背后。

因此，典型的风流浪荡子［情圣卡萨诺瓦（Casanova）或唐璜（Don Juan）］几乎总是把性当作一种支撑脆弱的自我的方式。女色情狂（nymphomania）亦复如是，《牛津英语词典》
167 （*Oxford English Dictionary*）将其描述为“女性无法控制的或过度的性欲”。对女色情狂来说，“过度”这个词有更黑暗的含义。它象征着对某些缺失之物的无止境的追求，而她缺失的是在情感上获得满足的能力，需要用性来替代。

讽刺的是，这些短暂的暧昧关系只会带给人空虚，有时候还会带来自我厌恶，这与风流浪荡子或女色情狂渴望的恰恰相反。因此，他们需要一直去找下一个性的俘虏或不经意的邂逅，以寻求真正的奖赏——尊重、接纳和爱。

在一个性痴迷的社会，还有一种普遍的感觉——我们不能在拥有多个性伴侣方面踌躇。事实上，对许多人来说，对性伴侣的选择和数量抱有偏见被认为是思想保守或不酷的。

此外，婚前保持贞洁的观念被广泛认为是一件荒谬的事，而不是一件值得赞赏的事。这不仅是对我们这辈人个人价值观愤世媒俗的评价，还助长了“如果感觉不错，就做吧”的心态，而这种心态以极具破坏性的方式让性变得无足轻重。

案例研究

埃尔莎（Elsa）前来就诊，因为她在关系中感到极度不快乐。她不快乐的主要原因之一是她丈夫的要求，这些要求被她称为“‘变态’的性行为”。其中主要是角色扮演，丈夫让她穿各种 168
各样的制服，偶尔还会有某种程度的施虐受虐（sadomasochism）（施加和/或承受痛苦）。

埃尔莎告诉我，这些“性游戏”让她感到羞辱和“肮脏”。而且让她感到极度不适的是，她的丈夫嘲笑她反应迟钝，这让她觉得自己有一些问题，因为她并不是完全放荡不羁的。由于丈夫的不断贬低，埃尔莎逐渐相信自己是有错的。她还告诉我她觉得经验不足——用她自己的话说，她此前只发生过三次性关系——是导致她出错的原因之一。

当埃尔莎提议去接受婚姻咨询时，她的丈夫变得怒不可遏，甚至连考虑一下都不肯。在接受了一系列治疗后，很明显，在埃尔莎看来，唯一的出路就是离开他，但她不情愿这样做。这也可以理解，因为他们有两个年幼的孩子。

埃尔莎的情况是一个典型例子，说明了一个人不能完全接纳伴侣的性需求异于自己的性需求的境况。此外，她认为自己经验不足和能力不足，也突显了当前的流行风尚，即过分强调性行为的标准，以牺牲关怀和分享，以及相互理解和妥协为代价。

169

对性的不同态度

在前几章，我一直强调过分强调各种关系问题上的性别差异的危险性。然而，男性和女性对待性的态度确实存在一些根本性的区别。作为一个广为流传的一概而论的表述，这句古老的格言“男人通过性寻求爱，女人通过爱寻求性”有一定的道理。

芝加哥大学的爱德华·O. 劳曼（Edward O. Laumann）博士领导的一项关于美国人性习惯的重要调查得出这样一个结论：女性的性欲对环境和情境极为敏感，而男性的性冲动通常更强烈和直截了当。

研究还发现，与女性相比，男性在性上花的心思更多，而且更如饥似渴地寻求性。也就是说，与女性相比，纵观整段长期关系，男性想要得到更多的性。他们也寻求更多的性关系和更多的随意性行为。男性的性唤醒更多依靠视觉冲击。女性则采取“不那么直接”的途径来获得性满足，如更情境化，并与她们的情绪联系在一起。

再说一遍，我们必须提防性别刻板印象。因为情境和情绪确实会影响男性的性行为，尽管是以一种不那么明显的方式。还有，并非所有男人都是花花公子。女性也与男性一样，可以瞬间被性意象和性幻想唤起，她们也会而且确实沉溺在随意性行为之中。在性行为比以往任何时候都自由的今天，这种情况越来越普遍。正如我们将在下一章看到的，无论男女，都会有同样的发生 170
不忠行为的倾向。

实用小贴士

- 请记住，性不仅涉及沟通，其本身也是一种沟通方式。
- 接受这样一个事实：人们的性冲动总是存在差异，无论是在长期还是短期范围内。
- 性的关键在于关怀和分享，而不是功能和标准。

重要知识点

注意不要过分强调性。试着把性看作你们关系中一个有价值的方面，以及一条通往亲密的路径。

171

14. 忠贞不二，不离不弃

在这爱的火焰里，有一种能使爱减弱的灯芯或烛花。

——威廉·莎士比亚 (William Shakespeare)

如果说有一种关系问题比性更能激起人们的兴趣，那就是不忠行为。关于不忠行为是不是与生俱来的、不可避免的，男性是否比女性更倾向于对感情不忠，以及当它发生时该如何处理，存在着相当大的分歧。如果你正在寻找关于什么人更可能出轨、做了什么事情、出轨对象会是谁以及出轨的频率有多高的事实证据，确实有统计数据揭示了这些模式和趋势，但这个领域的研究绝对不是结论性的，尤其是涉及“为什么”这个重要问题时。

话虽如此，我们对不忠行为的看法似乎在某个方面始终如一。《英国社会态度调查》(*British Social Attitudes Survey*）显示，尽管英国社会中性自由的风气明显更突出，但人们对婚外性行为的看法二十多年来一直没有改变，有 60% 以上的人认为这永远是错误的。

研究还表明，约 90% 的新婚女性和超 80% 的新婚男性表示，他们打算保持性忠诚。然而，《侠盗王子罗宾》(*Robin Hood: Prince of Thieves*）中的人物阿齐姆（Azeem）有句台词：“世界上没有完美的人，只有完美的意图。”这句话凸显了不忠行为的 172
潜在心理：我们打算对伴侣保持忠诚，但有许多因素在诱惑我们，敦促我们，甚至使我们倾向于反其道而行之。

情感—肉体的分裂

有趣的是，尽管一直以来男性被认为更有可能出轨，但研究表明，在这一点上，两性之间并没有很大的差异。美国《夫妻与关系治疗期刊》(*Journal of Couple and Relationship Therapy*）的一项研究显示，约 60% 的男性和 50% 的女性会在他们的关系的某个阶段发生外遇。

在我们更深入探究是什么驱使人们做出不忠的事情之前，重要的是定义不忠行为对我们意味着什么。对大多数人来说，不忠行为被看作伴侣与其他人发生了性关系。然而，尽管我在整本书中一直在努力强调必须谨慎对待关于性别差异的刻板印象，但在如何看待不忠行为，以及是什么构成出轨的问题上，男女之间似乎确实存在差异。

当伴侣有外遇的时候，男性通常会因伴侣的肉体出轨而感到更加受伤，女性则一般会发现感情上的背叛是最难应对的。这一点在“男性比女性更可能将通奸作为离婚的理由”这个事实上得到体现。

对女性来说，伴侣与其他人在情感上很亲密常常比不忠的性
173 行为更难让她们释怀。但对男性而言，伴侣肉体上的背叛与他们对“成为一个男人意味着什么”的看法有关，而这些看法反过来由他们与其他男性的本能的竞争驱动。

案例研究

安杰拉（Angela）前来接受心理治疗，是因为她感到焦虑和沮丧。然而，事情很快便明晰了，她那持续了15年之久的空洞无爱的婚姻是她不快乐的主要原因。安杰拉告诉我，她和她的丈夫卡勒姆（Callum）已经有一年多没有过性生活，而且他总能找到一些借口来逃避。

卡勒姆下班回家的时间越来越晚。在安杰拉的施压下，他承认自己与一位女同事成了好朋友，他将她描述为振奋人心又风趣幽默的伙伴。他们对现代艺术有着共同的热爱，曾一起参加过几次展览，还一起参观了伦敦的画廊，这离他们工作的地方很近。

“我曾好几次直接问他有没有跟她上床，”安杰拉告诉我，“每次他都坚持说他们只是好朋友，他们之间没有发生过任何身体上的关系。他甚至说他对她完全没有身体上的幻想。我相信他，因为我总能分辨卡勒姆什么时候在撒谎。”

“说实话，尽管如此，”她补充说，“我宁愿他们的关系是关于性的，因为我能够应对这个问题。他与她变得如此亲近，如此‘心 174
有灵犀一点通’，这对我来说，伤害远远超过他只是在玩弄她。”

保卫配偶的进化基础

如第 4 章所述，两性之间的态度差异有其人类学依据。海伦·费希尔博士在她的著述《我们为什么相爱》(*Why We Love*) 中对此作了总结：“因为占有欲在自然界如此普遍，动物行为学家给它起了一个名字‘保卫配偶’……一般来说，保卫配偶指的是雄性保卫雌性，远离偷猎者的魔爪，以及免受雌性的背叛。保卫配偶有合理的进化原因。如果雄性能够在雌性排卵期间将其隔离，她就有可能生下自己的后代，并将自己的基因永远传递下去。”

就繁衍的益处而言，女性与男性相比得到的回报要小得多。与男性不同，女性不能进行多次受精，而且她们只能在月经周期的某些特定阶段怀孕。繁衍能力上的这些基本差异产生这一说法：女性有外遇是不正常的，因为没有生物学上的意义。

费希尔对此提出异议，并给出四个理由，一一说明为什么通奸行为对我们的女性祖先来说有生物学上的适应意义。第一，男性伴侣的多样性可以为女性及其子女提供各种各样实际的和物质的利益。第二，通奸也提供一种保险，以防女性遇到主要伴侣死
175 亡或离开的状况。第三，如果女性的伴侣身体或情感上有缺陷，她可以通过与更适合生育的男性生孩子来使她的基因线“升级”。第四，与各种各样的伴侣生孩子，增加了他们中的某些人在环境波动中生存下来的可能性。

一个关于女性性行为的迷思

人们普遍认为，男性更可能出轨是因为他们天生更容易“陷入”偶然的邂逅。这种观点根本站不住脚。著名而有争议的《金赛报告》(*Kinsey Report*)——事实上它包含两份报告，一份是关于男性性行为（1948 年）的报告，另一份是关于女性性行为（1953 年）的报告——的结论之一是：“非常明显的是，即使是在对女性婚外性行为进行最严格控制的文化中，婚外性行为依旧会发生，而且在许多情况下，其发生相当有规律。”

心理学家辛迪·梅斯顿（Cindy Meston）和戴维·巴斯在他们合著的《为什么女人需要性》(*Why Women Have Sex*）中驳斥了“女性发生性行为是因为爱，而男性是为了愉悦”的观点。他们发现，女性发生性行为的主要原因是纯粹的身体享受：性高潮，大量的性高潮。

总之，梅斯顿和巴斯找到了237个女性发生性行为的原因，除了基本的生理冲动，还包括升职、金钱、毒品、报复，以及许多不同的、彼此毫不相干的动机。顺便说一下，第二重要的原因是浪漫的爱情。

然而，以提倡女性性解放著称的《时尚》(*Cosmopolitan*）杂 176
志副主编海伦·戴利（Helen Daly）提出了一个令人惊讶的截然不同的观点。她指出，男性和女性在对待随意的或“没有附加条件”的性行为的态度上存在区别。

戴利强调了《时尚》的一项调查，这项调查显示，尽管64%的女性认为发生没有附加条件的性行为是可能的，但只有17%的女性说自己事实上更喜欢这种性行为，而男性的这一比例为44%。她说：“在赋予女性更多卧室里的权利方面，我们已经取得长足进步，但我们对性的更深的情感投入仍然会让性关系成为我们的难题。”

试一试

- 创作一张“太阳”图，在圆圈内写上“不忠行为”。从中辐射出来的“射线”是你自动联想到的与“不忠行为”有关的单词或短语，如“背叛”“失去信任”“伤害”。

- 如果你的伴侣有外遇，上述哪个因素可能对你造成最大的影响？

- 你是否认为不忠行为永远不可原谅，而且是一个必然导致关系终结的原因？

从心理学的角度来看，不忠行为是一种多层次的现象，而且很少仅仅是关于身体的行为。对伴侣不忠往往代表着一种有意或
177 无意的声明，目的是让对方注意到关系中更普遍的缺陷，例如，“你的心思根本不在我身上，因此我找了个会在意我的人”，或者“我正在寻找一个人，让我觉得自己是有吸引力的、特别的，因为你根本不拿我当回事”。

即使是在一段相对健康的关系中，外遇也常常发生，因为个体感觉需要恢复信心，相信自己是有魅力、有吸引力的。随着在一起的时间越来越长，这段关系已经在身体层面不可避免地失去最初的激情，这可能会强化个体证明自身魅力和吸引力的需要性。

低自尊的影响

如果一个人缺乏自尊，那么对这种证明的需要就会特别强烈。倘若他们需要持续不断的安慰，他们就可能会蓄意破坏非常健康的关系。而且，对某些自尊极度贫乏的人来说，再多的安慰都不够，他们会永无止境地追求“良好的”自我感觉，从这个人身边跌跌撞撞到另一个人身边。

如果一个人内心深处觉得自己不值得被爱，不值得拥有一段充满爱的关系，那么他 / 她也可能会潜意识地策划一些事情，以至于他们的伴侣被迫出轨。这类本书前面就提到过的自证预言，证实了他们的信念，也就是，被抛弃和拒绝是注定要发生在他们身上的事。个体先前的丧失经历，如近亲的死亡或过往感情的破裂，都可能是这种自我糟践的触发因素。

有时候，人们会被出轨的纯粹的新奇感吸引。一段短暂的风 178
流韵事会让人觉得自己很特别，因为体验到了在当前关系中已经丧失的活力。如果他们的新伴侣认为他们是令人兴奋的、新鲜的且没有日常家务负担的，他们重新被点燃的激情感觉就会被强化。

人类有一种天生的自我毁灭倾向。而且有些时候，诱惑实在太多，以至于无法抵抗。尤其是当持续的关系开始失去光泽的时候，常识和道德都可以被抛弃，我们只需大胆一试，不考虑任何后果。如果一个人没有谈过多少恋爱，而且有种错失了很多的感觉，这就可能是促使其出轨的一个特别强大的动机。

弗洛伊德提出的俄狄浦斯情结

当伴侣有了外遇，关系双方之间看似坚不可摧的信任就会破碎，而且这种令人震惊的感觉还会增强被背叛的感受。人们感到如此受伤的原因也可以归结为保密性，它为婚外情提供了大部分的动机和情趣，以及关系突然之间出现一种有“三角”性质的事实。换句话说，它不再是一种排他性的伴侣关系，因为它现在包含三个人。

俄狄浦斯情结（Oedipus complex）是弗洛伊德提出的最著名
179 的概念之一。它经常是这些因秘密的婚外情被曝光而产生的感觉的根基。就好比，突然发现自己被卷入一种三角关系，而自己还是那个被拒之门外的人。从本质上说，俄狄浦斯情结指的是与孩子想要占有异性父母并消除同性父母的愿望有关的情感。这个情结的命名来源于关于俄狄浦斯的神话，他在不知道对方是自己父母的情况下，杀了父亲，娶了母亲。

俄狄浦斯情结的动力常常出现在三角家庭中（它们通常局限

于家庭成员之间的心理互动范畴，而不是像俄狄浦斯神话中表现得那样露骨）。例如，如果一个父亲在他的女儿身上投入过多的注意，而女儿以扮演“爸爸的漂亮小女孩”的方式进行回应，那么母亲可能会觉得自己被排除在外，并在性上面对自己的丈夫有所退避，还可能会把对女儿的嫉妒发泄出来。

当自己的伴侣有外遇时，人们关于这种类型的俄狄浦斯情结的记忆会苏醒。因此，如果被背叛的人在童年时经历过类似的情感，那么这种不忠行为会让这个人更加伤心。

关系应该持续一生吗

在考虑不忠行为的性质和影响时，我们必须永远记住，人类天生是有欲望的生物，即使处在持续的健康关系之中，也不会停
止对其他人的观察和幻想。这样做是完全正常的。但如果吸引力 180
和幻想变成实际行动，问题就出现了。现在最重要的问题是：我们是否应该把关系视作永久的或一生的？这是自然的或切实可行的吗？

西方认为婚姻是两个人之间的一种排他性的伙伴关系，而要正确看待这种观念，必须考虑到大约 80% 的社会允许一夫多妻制婚姻（polygamous marriage）这一事实。此外，人类学家已

经证明，一夫一妻制（monogamy）对人类来说并不是一种固有的、自然的状态。

费希尔是这样说的：“从神经学上来说，我们可以同时爱上多个人，这似乎是人类的命运。你可以在体会到与长期配偶之间深刻依恋的同时，对办公室里的某个同事或社交圈里的某个人产生浪漫的激情，甚至在读一本书、看一部电影或做一些与你的伴侣没有任何关系的事情时，你也会感受到性冲动。”

事实上，如果人类真的生来便有欺骗伴侣的功能，那么他们已是不错的伴侣。已知的情况是，在这个星球上的 4000 多种哺乳动物中，只有少数是一夫一妻制的。对伴侣的忠贞简直就是为鸟类创造的词，这与哺乳动物形成鲜明对比，因为在 9700 种鸟类中，有 92% 一旦找到配偶就会坚持下去，无论大雨滂沱还是阳光和煦，始终待在一起。

寿命延长的影响

在这个背景之下，必须谈及我们这个世界目前正在发生的一
181 个重大变化。寿命的延长让以下这种论点变得举足轻重，那就是期望另一个人在关系的整个过程中满足自己的需求是不现实的。那些提倡这种观点的人通常强调，一个人不可能无限期地满足自

己伴侣的性需求。

以关系为背景，这个论点可以延伸到人类需求的各个方面，无论是心理上的、情感上的、生活上的，还是所有这些的结合。关于这一点，古语“隔岸风景好，邻家芳草绿”浮现在我的脑海，因为外遇的吸引力通常是“雷声大，雨点小”。

人们常常后悔，自己为了一些看似能带来更多乐趣但最终被证明缺少原有关系那更深层的品质的事情而结束一段长期的关系。这就是为什么在关系遇到困难时，将伴侣身上的优点牢记在心极为重要。

没有人能够每时每刻地提供支持、关心和理解，这根本不是靠人类力量能办到的事。此外，随着岁月的流逝，我们也在不断变化——但愿是变得更为成熟，因此我们对伴侣的态度不可能长久地保持不变。

然而，这些变化并不意味着关系必然会在某种程度上受到损害。实际上，一方或双方的积极变化可以加强关系，尤其是沟通——这个含义最多的词——得到充分尊重的情况下。而且经过积极处理的变化往往可以在更深层、更有意义的层面带来新的相 182
处方式。

实用小贴士

• 记住，当你处在关系之中，却依旧发现其他人对你有吸引力，这是件很自然的事情。只有当它变得不再仅仅是幻想时，才会令人担忧。

• 如果伴侣有外遇，或者比平常更容易被他人吸引，这通常与同你们关系总体状况相关的更一般性的问题有关。

• 如果你禁不住“在外流连忘返”，要经常问问自己“为什么”。是因为觉得自己被忽视了或不被当回事吗？如果是这样，那就和伴侣谈谈吧！

重要知识点

如果你受够了或厌倦了现在的关系，同时还面临一个似乎不可抗拒的有魅力的“局外人”的诱惑，请务必花点时间，停下来想一想。试着专注于你当前伴侣的积极特征。别把好东西扔掉！

15. 爱的谜题

爱不是寻找一个完美的人共度一生，而是把不完美的人当作完美的人来爱。

——萨姆・基恩 (Sam Keen)

到目前为止，我们考察了影响关系的一些至关重要的“不成功便成仁”的决定性因素，如沟通、改变、亲密、冲突和性。然而，对许多人来说，还有一种假设：如果伙伴关系中存在爱——被广泛视作让关系双方结合在一起的必不可少的黏合剂，那么上面所有事情就能水到渠成。

关于爱的这一假设通常与这一推测相连：爱是一件当两个从基本层面上来说彼此适合的人相遇就会自然发生的事。这经常伴随这样一种信念，一种被浪漫的电影、小说和歌曲激起的信念：存在这样一个人，他 / 她是你缺失的或能与你互补的“另一半”。

正如我在第 2 章中强调的，寻找“另一半”或“真命天子 / 真命天女”的想法既危险，又会将人引入歧途。只有你能使你自

己完整。依赖别人替你完成这件事，你将不可避免地感到失望，因为没有这样的人，不管他/她多么体贴和富有同理心，能够完
184 全满足伴侣的需求，给予始终如一的支持和理解，并填补许多人内心的情感空缺。

在进入一段关系时，首先应该被抛弃的就是所有这种层面的期望。如果是这样，当我们渴望建立基于爱的关系时，我们应该寻找什么？爱是一种只能为一群精挑细选的幸运儿所拥有，还是任何愿意付出努力的人都能获得的、难以捉摸的神秘体验？

更重要的是，我们应该与披头士乐队（The Beatles）的歌曲《你需要的只是爱》（*All You Need is Love*）传递的重要信息站在同一阵线吗？换句话说，爱能“治愈”一切吗？要回答这些问题，我们首先必须确定，当我们说“爱”——这项挑战、激励和分裂了各个年龄段的男性与女性的复杂事业——的时候，我们到底在表达什么意思。

爱情的种类

在俄国作家列夫·托尔斯泰（Lev Tolstoy）的史诗小说《安娜·卡列尼娜》（*Anna Karenina*）中，女主人公安娜在一场精英社交聚会上就爱的定义进行轻松愉快的讨论时，遭到了质疑。她

反驳道："如果说世上有多少颗头颅就有多少种思想，那么也就是说，世上有多少颗心就有多少种爱。"

安娜的话强调了这样一个基本事实：我们或多或少都以不同的方式在爱。任何试图提供一个包罗万象的定义的尝试都会与主观经验的范畴背离，而主观经验可以说是所有因素中最重要的一种。归 185
根结底，"爱"只是一个词，它可以有任何我们赋予它的意义。

希腊人命名了六种不同类型的爱：友谊之爱（storge）、利他之爱（agape）、依附之爱（mania）、现实之爱（pragma）、游戏之爱（lodus）和情欲之爱（eros）。

弗洛伊德的前弟子及心理综合学派（psychosynthesis）心理治疗取向创始人罗伯托·阿萨焦利（Roberto Assagioli）在《意志行为》(*The Act of Will*）中将爱归类为自爱（self love）、母爱和父爱（maternal and paternal love）、男女之爱（love between a man and a woman）、激情之爱（passionate love）、感性之爱（sentimental love）、理想主义之爱（idealistic love）、兄弟之爱（fraternal love）、利他及人道主义之爱（altruistic and humanitarian love）、不带个人色彩的爱（impersonal love）、偶像之爱（idolatrous love）以及上帝之爱（the love of God）。

基于本书的写作目的，我将重点说明的是阿萨焦利所说的第三种爱——男女之爱（我把同性恋也归于这一类别）。正如我们将看到的，它其实也包含上面列出的一些其他类别的爱的面貌。然而，正如安娜提醒我们的，如果你想得出一个关于爱的真正全面的定义，并充分考量爱的复杂性和永恒的神秘性，你可能需要同所有爱过的人交谈一遍。

出于这个原因，我不会试图提供一个关于爱的绝对定义，而是作一种笼统的描述。为了抛砖引玉，下面列出了一些箴言，它们试图定义这个最复杂、多面、深不可测且常常让人怒不可遏的由四个字母组成的单词：love。它们把重点放在真诚而长久的爱情上，而
186 不是理想化了的好莱坞式爱情。第一篇来自休·沃波尔爵士，它在前面的章节中出现过，但在这种情境下值得再重复一遍。

爱的箴言

生活中最美妙的事情就是遇见另一个人，随着岁月的流逝，你们的关系越来越深，美好和快乐常驻。两个人之间的爱的内在进步是最奇妙的事情，四顾寻找或热切祈求都不能使它现身。这是一种神圣的意外，是生命中最美妙的事情。

——休·沃波尔爵士（Sir Hugh Walpole）

爱，意味着不作保证的忠贞和承诺，全身心地将自己献出去，希望我们的爱能让所爱之人回报以相同的爱。爱是一种信仰，小信之人亦只有小爱。

——埃里克·弗洛姆（Erich Fromm）

爱情就像一场被火点燃的友谊：伊始是一团火焰，非常漂亮，经常炙热而猛烈，但仍然只是光亮和闪烁。当爱逐渐成长，我们的心成熟了，我们的爱情变得像煤一样，深深燃烧，无法熄灭。

——李小龙（Bruce Lee）

在真爱中，你想要对方的好。在浪漫爱情中，你想要的是对方。

——玛格丽特·安德森（Margaret Anderson）

在一切事物中，爱情看上去是发展最快的，实际却最迟缓。 187
在结婚四分之一个世纪前，男男女女没有一个人真正知道什么是
完美的爱情。

——马克·吐温（Mark Twain）

爱的第一要务是倾听。

——保罗·蒂利希（Paul Tillich）

爱，是一种意愿，为哺育自己或他人的精神成长而延伸自我的意愿。

——斯科特·派克（Scott Peck）

试一试

- 列出你看到的爱的基本特征。
- 将这些特征分为“必须具备的”和“令人憧憬向往的”。
- 你认为爱是无心插柳的结果，还是需要付出时间和努力呢?
- 你觉得爱是关系必不可少的“黏合剂”吗?

所有关于真爱的成分表中都应该纳入爱的箴言清单中所包含的许多特征。我并不是说我自己的定义就是全面的，也不是说它是“真理”。我的希望是，能通过梳理和考察一些没有血缘关系
188 的成年人之间真诚的爱的重要组成部分，提供一套指导方针，帮助人们建立和保持更幸福、更健康、更持久的关系。

我对爱的定义如下：

有意义的、持久的爱需要关系双方对彼此有一定的感情和承诺，以及对对方福祉的关心。这种关注超越自我需要和欲望的水平，着眼于对对方及关系本身的滋养、支持与成长。这通常需要时间来充分发展。这种发展还包含一种重要隐喻：在关系开始出现问题的时候，不要立刻放弃。

相反，爱意味着要克服困难，尽可能地做到开诚布公，还有，不渴求赢得争论或坚持“我是对的”。也许比其他任何事情都更重要的是，爱涉及我在本书中一直强调的三个至关重要的因素——沟通，沟通，沟通。爱还意味着祈祷对方得到最大程度的个人发展和最高的成就，并帮助他/她达成这些目标。

一见钟情

与对浪漫爱情的理想化描述相比，我的定义听起来有点平庸。这不是一件坏事，因为首先需要承认的事情是，爱绝不是无心插柳的结果。一见钟情是一种幻想，原因很简单，你没办法爱一个你不了解的人。

正如本书前面揭示的，我们感觉瞬间被一个过去素未谋面的 189
人吸引的背后是复杂的心理驱力和生化驱力在工作。这些强烈的感觉——通常被称为“化学反应”——最终可能会变成爱，但它们在“原始”状态下并不构成爱。

在沃波尔爵士对爱的定义中，他说爱是一种“神圣的意外”。只有同时强调爱的进展缓慢的本质，这种认为爱是上天安排的或命中注定要发生的事情的观点才会成立。向往那个与你瞬间就建立情感联结的特别之人的浪漫主义理想是人之常情，但就像生活中如此多的其他有价值的事情，一段持久的、充满爱意的关系乃建立在精心的建设和持之以恒的用功钻研之上。

学习爱的艺术

在《爱的艺术》(*The Art of Loving*）中，埃里克·弗洛姆（Erich Fromm）说，爱是一门艺术，正如生活是一门艺术。“如果我们想要学习如何去爱，我们必须像学习任何艺术，如音乐、绘画、木工，或医学、工程学时采取的方式那样，来维持对爱的学习。”他接着说，学习一门艺术的过程，在这种情况下就是学习爱的艺术的过程，它可以分为理论和实践两部分。为掌握这门艺术，两者必须融会贯通。

弗洛姆声称，人们很少尝试去学习爱的艺术，因为“尽管对爱有着根深蒂固的渴望，但几乎所有其他东西都被认为比爱更重

要：成功、声望、金钱、权力”。我赞同这个观点，因为很多人 190
认为他们无需投入时间和精力就能将爱变成一种真实而持久的东西。他们认为只要找到那个“对的”人，就能让这个过程自然而然地发生。

斯滕伯格的爱情三角理论

美国心理学家罗伯特·斯滕伯格（Robert Sternberg）提出了爱情三角理论，规定了爱的三种成分——亲密（intimacy）、激情（passion）和承诺（commitment）。斯滕伯格认为，这三种成分的不同组合会产生不同种类的爱情。例如，浪漫的爱（romantic love）以亲密和激情为特征，同伴的爱（companionate love）建立在亲密和承诺的基础上，而单纯的激情则构成迷恋（infatuated love）。

完整而理想的爱情形式是完美的爱（consummate love）（见下页图），它包含亲密、激情和承诺。然而，斯滕伯格的理论与弗洛姆“熟能生巧”的观点非常一致，正如他警告的那样，即使达到“完美的爱”这个目标，仍需要孜孜不倦地用功钻研，如果不付出努力，没人能保证这份爱会永远持续下去。

在《关系的变革》（*The Transformation of Intimacy*）一书中，

安东尼·吉登斯（Anthony Giddens）用“汇流爱”（confluent love）来描述两个人之间在“情感的给予和索取达到平等状态”时的情景。他认为，爱“只会发展到亲密的程度，也就是达到双
191 方都愿意向另一方袒露自己的担忧和需要，暴露自己的脆弱的程度”。这是一个对真正的亲密关系对于持久和彼此满足的爱情关系的重要性的极佳总结。

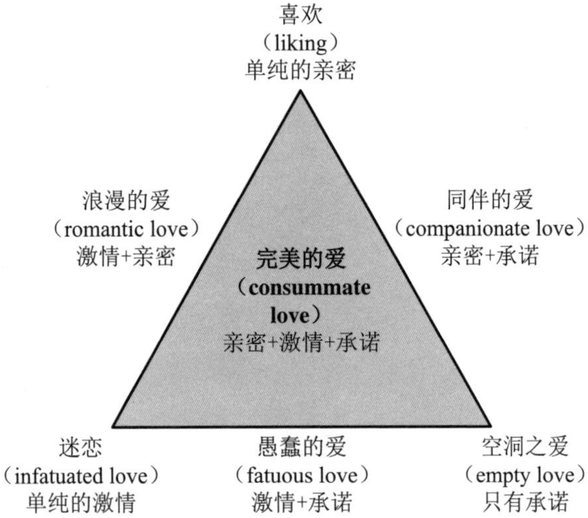

关于什么是“持久的充满爱意的关系”，难有比哈维尔·亨德里克斯（Harville Hendrix）在《得你所爱》（*Getting the Love You Want*）中使用的定义更为简洁的概括。他在该书中描述了与

妻子达到一个他称之为“激情友谊”（passionate friendship）阶段的过程。友谊太常被列为长久的爱情关系的基础，以至于这几乎已变成陈词滥调，但这并未妨害它的有效性。

真正的友谊的一个基本要素是，我们尊重对方的真实面貌，接受对方这样或那样的缺点。真正的友谊是成年人之间真诚的爱 192
的关键因素。至于激情，人们常说，性是维系关系的黏合剂，而不是爱。然而，正如第13章强调的，性是关系的一个重要组成部分，但往往被过分强调，而且变成一件关乎表现而非亲密和彼此享受的事情。

爱可以在两个最初并不是以肉体的方式相互吸引的人之间生长。例如，我们可能因某人的智识、幽默感，或者他们的善良、仁爱等本质，或者所有这些东西的结合，而对他/她产生兴趣。换句话说，我们可以对一个人的灵魂或精神本质产生兴趣。

“亲密无间”的要素

“亲密无间”（togetherness）通常被认为是一段充满爱的关系的一个关键原则，但这是个相当模糊的概念，而且夫妻很容易陷入“彼此形影不离”的关系，一种更多的是关于占有和拥有的不健康的关系。保留自己的身份和保持一定程度的分离感并不会妨碍两个人变得亲密无间，这与完全放弃一个人的自主权是两码事。

这就是安东尼·德·圣−埃克苏佩里说的：“爱不在于相互凝视，而在于朝同一个方向眺望。”话虽如此，亲密无间从本质来说，意味着因共同的经历而越来越亲密，因此我们必须小心谨
193 慎，不要低估一起做事的重要性，不管是旅行、享受共同爱好、同孩子们玩耍，还是行床笫之事。

在相互帮助和支持下渡过困难时期也是一个至关重要的因素。一起克服困难是真爱的标志之一。拥抱伴侣的他者性（otherness）也能产生亲密无间的感觉。例如，虽然我们可能对伴侣的职业不那么感兴趣，但我们可以为他们感到激动并给予支持。

我们也可以有不同的爱好和娱乐消遣方式，但仍然关切伴侣对集邮、赛车模型或其他东西的巨大热情。然而，如果某个爱好占据了一方的生活，并让另一方感觉被排斥在外，如“高尔夫寡妇”这一典型案例，那就做得太过分了。

共同目标的重要性

然而，比我们所做的任何事情都重要的是我们的想法和信念。研究表明，共同的目标可能是维系关系的最重要因素。从实

际角度出发，这意味着我们的世界观和价值观，或者换句话说，我们整体的人生观。

我认为，整体的人生观指的是我们对以下问题的态度：家庭内部和夫妻之间的关系；友谊的重要性；精神层面的问题，如宗教信仰；拥有远大抱负，或只想“随波逐流”；对生活抱乐观态 194
度还是悲观态度。我们对这些问题的看法不一定要完全一致，但必须有某种程度上的“心有灵犀一点通”。这并不意味着在某些问题上达成求同存异的可行性被降低了。

完美——爱的障碍物

在当今世界，也许爱的最大阻碍是不断增长的力图在生活的每一个领域都达到完美的压力。例如，越来越多的人倾向于将整容手术、丰胸和肉毒杆菌注射视为“正常生活”就证明了这一点。然而，不仅仅是我们的外表必须完美无缺，我们的性功能、我们作为父母的能力，以及几乎所有其他的人类活动，都必须维持在一种非人性的持续卓越的水平上。

正因如此，越来越多的人在进入关系时带着这样的期待——因为来自社会、广告商、媒体和他们自己的压力——他们承诺与之相伴的人必须是集善良、体贴、非凡的性能力、情绪价值，以及男性或女性理想伴侣具有的一切其他特质于一体的化身。

我们必须放弃所有这类期待，因为人不是机器人。人是人，
195 有人性的缺陷和弱点。只有接受一个人所有人性层面的特点，真正的亲密和爱才能开始生长。

在这个语境下，这段经常在婚礼上被引用的话似乎非常适合作为本章的结尾：“爱是恒久忍耐，又有恩慈……不求自己的利益，不轻易发怒，不计算人的恶……凡事包容，凡事相信，凡事盼望，凡事忍耐。”

实用小贴士

- 忘掉寻找一个能使你完整的人的想法吧。
- 对某人充满激情并不仅仅意味着想要与他/她行床笫之事。
- 接纳一个人身上所有的缺点是爱他/她的关键。

重要知识点

爱的生长需要合适的土壤，主要是时间和滋养。爱绝不是无心插柳的结果，也不可能被强迫。

结　论

臆测是破坏关系的白蚁。

——亨利·温克勒 (Henry Winkler)

我写作本书的初衷在于帮助读者获得一些关于两个人决定建立关系时开始起作用的各种复杂的心理因素的真知灼见。如果要我挑选出一个关键主题，那或许是，消除那些一提到“关系”这个词就会自动出现的许多误区、错误观念和预设目标。

我记得自己在听到这样一件事的时候被逗乐了——我儿子的一个朋友告诉交往了很久的女友说，他想向前看。在为如何用最善解人意但又直接的方式与女友讨论分手这个话题上苦恼良久之后，他最终勉强说出：“我们需要重新定义一下我们之间关系的本质。”套用这些极其平庸的话语，也许在承诺要与某个人一直在一起之前，我们都需要先重新定义一下彼此间关系的本质，因为这段关系建立在一个持续变化的基础之上。换言之，我们要确定一下，双方预期在今后的道路上会遇到怎样的事情，而各自又将如何处理，以及如何作好充分的准备。

这听起来或许有点过于冷静、不够浪漫，但它只是试图“按
198 正确的方式行事”所带来的微不足道的代价，也许这样做了，就能免受分手带来的煎熬、心痛和相互指责。本书中提到的原则并不能保证人们不因其他事情而经历这些感受。生活和关系并不是完全重叠的。多少花点时间来了解一下有望被这些心理因素标记出来的大局面，并学会从那些三番五次吸引我们的“让我们‘哇’地叫出声的因素”中退后一步。我希望你能作好更充分的准备，在关系伊始，就为其建立一个更坚实的基础。

与生活中的其他事情一样，关系也是一个学习的过程。我们越能接受这些事实——我们会不断有新的发现，关于为什么我们会被特定的人吸引，以及为什么最初的化学反应变成更复杂的东西时，我们会出现某些特定的行为——我们的关系就越经得起时间的考验。健康的关系就像美酒，随着岁月的流逝，反而愈加醇香。它可以被看作一场丰富而又持久的探索未知世界的航行，在这段旅程中，双方彼此滋养、相互关怀，彼此的爱意和个人成长都会不断壮大。

要达到最佳效果，学习必须从多个渠道开展。本书末尾专门列出关于关系和爱的各个方面的出版物，以及提供关于它们的建

议和咨询的网站，你可以从中获取更深刻的见解，并在必要时寻求帮助和支持。尽管这些东西很有用处，但是我们必须记住本杰明·迪斯雷利（Benjamin Disraeli）的话："经验是思想之子，思 199
想是行动之子。了解他人不可以书本为据。"

归根结底，一切都取决于态度，更具体地说，是去倾听，去理解，开诚布公，并在合理范围内去接纳的意愿。它关乎掌握真正的联结和亲密的艺术，这反过来又关乎满足我们所有人都有权追求的人性的需求：拥有一个你可以与之分享梦想和计划、高峰期和低谷期、恐惧、眼泪和岁月的人。从本质上说，那个人是为你而来，而你亦是为他 / 她而来。

最后，我想用艾伦·亚历山大·米恩（Alan Alexandra Milne）创作的《小熊维尼》(*Winnie-the-Pooh*）中一个有趣的片段来结束本书："小猪（Piglet）从后面偷偷地走向小熊维尼。'维尼！'他低声说。'我在，小猪你有什么事吗？''没什么，'小猪抓着维尼的爪子说，'我只是想确认一下你还在这里。'"

我真诚地希望，以正确的方式将本书中的原则（至少其中一些）付诸实践，你可以对那个你选择与之在一起的人越来越有信心。

资　源

拓展阅读书单

Anatomy of Love by Helen Fisher（Ballantine，1995）

《爱的解剖》是海伦·费希尔对配偶、婚姻、性吸引力和不忠行为进行的详尽历史记录与分析。

Building a Love That Lasts by Charles D. Schmitz and Elizabeth A. Schmitz（Jossey Bass，2008）

《建立持久的爱情》由美国两位爱情和婚姻研究领域的权威撰写，它揭示使情侣能够发展和维持长期关系的秘密。

Families and How to Survive Them by Robin Skynner and John Cleese（Cedar，1993）

《如何渡过家庭危机》是一本关于家庭和关系背后的心理因素的畅销书，由家庭治疗师罗宾·斯凯纳和《巨蟒剧团之飞翔的马戏团》(*Monty Python's Flying Circus*）和《弗尔蒂旅馆》

(*Fawlty Towers*)的演员约翰·克利斯合作完成。

Getting the Love You Want by Harville Hendrix (Pocket Books, 2005)

《得你所爱》几乎是这类书籍中永恒的宠儿，为情侣们提供更深入了解他们的关系，从而使这段关系充满更多爱意、支持和活力的方法。

Magnetic Partners by Stephen J. Betche (Free Press, 2010)

在《磁性伴侣》中，斯蒂芬·J. 贝辰审视了冲突在关系中的作用，包括情侣为什么一遍又一遍地为同一件事争吵，以及共同的“主要冲突”如何激发吸引力。

Rebuilding When Your Relationship Ends by Bruce Fisher and Robert Alberti (Impact, 2008)

《分手后成为更好的自己》是关于如何在关系破裂后再次回到单身的困境中存活下去的热门指南，经常在离婚恢复课程中被用作标准教科书。

The Art of Loving by Erich Fromm（Thorsons，1995）

《爱的艺术》是一部经典之作，由精神分析领域的代表人物埃里克·弗洛姆撰写，这本文笔优美、易于阅读的小书从不同角度全方位审视了爱情。

The Dance of Intimacy by Harriet Lerner（Harper Perennial，1990）

《亲密之舞》是一本由女性执笔的指南，作者哈丽雅特·勒纳旨在帮助你作出一些勇敢的改变，以增强关系中的亲密感和建立更强的联结感，同时指导你发展出更深刻的自我意识。

The Psychology of Romantic Love by Nathaniel Branden（Tarcher/Penguin，2008）

《罗曼蒂克心理学》从多个角度探究了浪漫爱情、亲密以及性的本质，并在“反浪漫”（anti-romantic）时代下提供了一种既现实又可持续的关于爱的新视角。

The Road Less Travelled by M. Scott Peck（Arrow，1990）

《少有人走的路》也许是我们这个时代最著名的大众心理学

书籍。这本鼓舞人心、富有洞察力和革命性的书，探讨了精神成长、爱情、关系、传统价值观和生活。

The Seven Principles for Making Marriage Work by John Gottman and Nan Silver（Orion，2000）

《幸福的婚姻：男人与女人的长期相处之道》是一本基于使用科学程序对已婚夫妇的习惯进行详细观察而写成的关系指南，包含实用的调查问卷和练习。

The Transformation of Intimacy by Anthony Giddens（Polity Press，1993）

《关系的变革》是一项关于性革命的研究，也是对现代文化中的性、性别和身份角色的分析。作者是剑桥大学国王学院社会学教授和研究员安东尼·吉登斯。

Who Moved My Cheese by Spencer Johnson（Vermilion，1998）

《谁动了我的奶酪》是一本畅销书，作者斯宾塞·约翰逊用一个简单的寓言，讲述了生活在迷宫中的四个人物的故事，展示了如何以最有益和高效的方式应对变化。

Why We Love by Helen Fisher（Holt McDougal，2005）

《爱的解剖》作者的另一部作品。《我们为什么相爱》同样引人注目，它分析了我们所知的浪漫爱情的生物、化学和人类学基础。

Why Women Have Sex by David Buss and Cindy Meston（Vintage，2010）

正如书名《为什么女人需要性》传递出的信息，心理学家辛迪·梅斯顿和戴维·巴斯对女性性冲动背后的众多原因（多达237个）进行了详尽的分析。

提供建议和心理治疗的组织机构

英国和欧洲（UK and Europe）

英国咨询与心理治疗学会（British Association for Counselling and Psychotherapy）

性与关系治疗师学院（College of Sexual and Relationship

Therapists）

家庭治疗研究所（Institute of Family Therapy）

粉色心理治疗（Pink Therapy）(针对性和性少数群体）

联系（Relate）(关系咨询）

塔维斯托克夫妻关系中心（Tavistock Centre for Couple Relationships）

英国心理治疗协会（UK Council for Psychotherapy）

美国心理学会（American Psychological Association）

欧洲心理治疗学会（European Association for Psychotherapy）

美国（USA）

美国心理卫生服务提供者花名册（National Register of Health Service Providers in Psychology）

美国注册咨询师委员会（National Board for Certified Counselors）

澳大利亚（Australia）

澳大利亚心理治疗与咨询联合会（Psychotherapy and Counselling Federation of Australia）

索　引*

* 索引后的数字为英文原版书页码，现为本书页边码。

图书在版编目（CIP）数据
亲密密码：关系心理学实用指南 / (英) 约翰 · 卡特著；李莉菲译. — 上海：上海教育出版社，2025. 7. —（实用心理指南）. — ISBN 978-7-5720-2910-3
Ⅰ. B84-069
中国国家版本馆CIP数据核字第2024YN8704号

责任编辑　王佳悦
封面设计　周　吉

实用心理指南

亲密密码：关系心理学实用指南

[英] 约翰 · 卡特　著

李莉菲　译

出版发行　上海教育出版社有限公司
官　　网　www.seph.com.cn
地　　址　上海市闵行区号景路159弄C座
邮　　编　201101
印　　刷　上海展强印刷有限公司
开　　本　787×1092　1/32　印张 7.125
字　　数　122 千字
版　　次　2025年7月第1版
印　　次　2025年7月第1次印刷
书　　号　ISBN 978-7-5720-2910-3/B·0070
定　　价　59.00 元

如发现质量问题，读者可向本社调换　电话：021-64373213